エコロジー講座2

生きものの数の不思議を解き明かす

日本生態学会　編
島田卓哉・齊藤隆　責任編集

文一総合出版

はじめに

21世紀は「環境の世紀」だと言われています。この言葉にはさまざまな意味が込められていると思いますが、重要なメッセージの1つに「身近な活動や出来事が地球規模の環境問題に結びついている」ことがあると思います。産業化される前ばかりでなく数世代前の人たちでさえも、日々の生活を環境問題と結びつけて考えることは難しかったでしょう。「三尺下れば水清し」ということわざにあるように、自分の目の前から消えてしまった問題には関心を払わなかったように思います。しかし今や、日々の生活で使われるエネルギーなどが温暖化の原因となり、地球規模で生態系のバランスを崩そうとしていることを多くの人が理解しています。環境や自然に関心を持ち、自分の生活のあり方を考える方たちが増えていることを頼もしく思います。また、私たちは、そのような方たちに語りかけられるように生態学を勉強してきて良かったな、とも思っています。

私たちは、この本で身近な生き物がかかわる現象が地域や時間を超えて大きな問題（環境保全や進化）につながっていることを伝えたいと考え、キーワードに「数」を選びました。この本では「数を調べる」ことが生きものの性質を知るうえでとても重要なこと、「数」を通じて生きものと環境との関係をより深く理解できること、野生動物や資源管理、環境保全に「数」は欠かすことのできない研究対象であることなどについて紹介します。

皆さんが自然の中で「数」をイメージする時にまず思い浮かべるのは何でしょう。ドングリでしょうか、色づいた葉でしょうか、あるいは飛び交う虫たちでしょうか？　いずれにしても「たくさん」あるものはやがてどこかへ行ってしまうことも皆さんはご存じでしょう。そうです。「数」は変動しているのです。

野ねずみの数の変動に興味を持ち、生態学の課題として取り上げた英国のエルトンの逸話から本書は始まります。4、5年周期で数を増やし、時には人間の生活を脅かすほどに大発生する野ねずみの謎を知っ

たエルトンの驚き。謎解きのために始められた野外調査。キツネやイタチなどの捕食者がねずみの数を抑えているのでしょうか？それともドングリなどの食物が重要なはたらきをしているのでしょうか？数の変動の大きさを考えるとドングリの豊凶は野ねずみの比ではありません。野ねずみの数の違いは多い年と少ない年で数百倍程度ですが、ブナの実の豊凶差は数万倍にも及びます。大面積にわたって種子の雨を降らせるメカニズムとはいったいどんなものなのでしょうか。ブナの豊凶を予測することは可能なのでしょうか。また、このような豊凶は動物たちにどんな影響を与えるのでしょう。凶作の年にクマは本当に人里に降りてくるのでしょうか。豊作の年に野ねずみは数を増やすのでしょうか。豊富なデータに基づいた研究の最前線を紹介します。

周期性の正確さでは素数ゼミにかなう動物はいません。「13年ゼミ」と「17年ゼミ」は正確に時を刻んで現れます。なぜ、周期は素数でなければならないのでしょう。進化の謎に迫ります。

最後に食卓に直結する数の話題をお届けします。東北の海の幸として代表的なサンマの漁獲高は比較的安定していますが、イワシ、サバの資源管理には多くの問題があり、漁獲高は大きく変動しています。漁業は自然の恵みを利用している産業です。その資源を守ることは漁業そのものを守ることはもちろんですが、資源を育んでいる環境を守ることでもあります。「環境にやさしい漁業」を目指すには適正な資源管理だけでなく、生態学的により広い視野で漁業を考えていかなくてはなりません。そのためには「数」を単純な量として捉えるのではなく、生態系が機能した結果として考える必要があります。その研究の最前線を紹介します。

なお、本書は日本生態学会主催、第12回日本生態学会公開講演会企画委員会の企画による公開講演会「数えることで見えてくる！――生物の数の不思議――」（2009年3月20日開催）の講演内容をまとめたものです。

齊藤　隆

目 次

はじめに ... 2

生きものの数はなぜ変わる?
動物の数から何がわかるのか?
——個体群生態学への招待
北海道大学フィールド科学センター 齊藤 隆 ... 6

ブナの豊作は予測できる?
森林の結実を測り、予測する
——ブナ豊凶の全国予報への途
森林総合研究所 正木 隆 ... 18

ブナの豊作予測でクマとの共存の可能性を探る
クマとブナの微妙な関係

独立行政法人森林総合研究所野生動物研究領域チーム長 岡 輝樹

32

素数ゼミというけれど、どうして「素数」なのだろう？
素数ゼミの秘密

静岡大学 吉村 仁

46

食卓の魚に変化が！
サンマはいつまで豊漁か？
—— 漁獲量の変動と環境にやさしい漁業の未来

横浜国立大学 松田裕之

58

動物の数から何がわかるのか？
——個体群生態学への招待

北海道大学フィールド科学センター ● 齊藤 隆

著者略歴
さいとう たかし
北海道大学フィールド科学センター教授。北海道大学卒業後、朝日新聞社、森林総合研究所を経て現職。動物生態学が専門。特に野ねずみやシカの個体数変動に興味がある。最近は空間的な変化にも手を広げ、個体群が個体数変動にともなって融合したり、分離したりする過程やメカニズムの解明に取り組んでいる。

まだ生態学を専攻できる大学がなかったころ，1人のイギリスの若者が，
野ねずみの個体数の変化に強く興味をひかれ，調査を始めました。
それが個体群生態学のはじまりでした。
数年おきに増えては減り，減っては増えるを規則正しくくり返す野ねずみたち。
その要因を解き明かす研究は豊かに広がり，
生物多様性の低下や環境変化が深刻化する現代社会に，とても重要な知識を提供しています。

数を知りたい
——エルトンの探検

今から80年以上も前に出版されたある動物生態学の教科書は、狩猟や採集で食物を得ていた頃の人間の生活を想像するところから始まります。どこに行けば動物を捕まえることができるのか？ どんな木が役に立つのか？ 狩猟や採集で生活している人々にとって動物や植物についての知識は死活問題でした。

どこにどれくらいの数の動物がいるのか？ それは人間に刷り込まれた疑問と言えるかもしれません。ですから、「数の不思議」が生態学の中心課題として取り上げられてきたのは不思議ではありません。しかし、そのような疑問が注目されるきっかけについては、ちょっとした「伝説」があります。

生態学の草創期に大きな業績を残した英国のC・S・エルトンは、オックスフォード大学に在学中、自分が進むべき分野について思い悩んだ時期があったそうです。当時、英国には（おそらく世界のどの国でも）生態学を専攻できる学科はありませんでした。エルトンは比較解剖学の研究室に所属し

ていましたが、この分野の勉強にあまり身が入らなかったようです。

そんな折、彼は北極圏への探検調査に誘われました。この探検調査はそれほど大きな成果を上げることができなかったそうですが、エルトンは英国への帰途に大きな「発見」に出会います。彼は、トロムソというノルウェーの小さな町で、なけなしのお金をはたいて『ノルウェーの哺乳類』という本を買いました。その本には、タビネズミ（レミング）がしばしば数が大きく増やし、時には村人の生活を脅かすほどに大発生すること、その大発生が4、5年周期で見られることなどが書かれていました（図1）。「なぜタビネズミは大発生するのか？」。そんな疑問がエルトンを襲ったのだと思います。彼は後にその時の驚きを「動物個体群の不安定さはほとんどの動物学者にはまだ馴染みがなく、私にとっては全く新しいものだった」と書き残しています。エルトン、23歳の夏のことでした。

数をめぐる不思議の発見
——周期性と同調性の謎

エルトンは帰国後野ねずみの調査を

生きものの数の不思議を解き明かす **動物の数から何がわかるのか？**

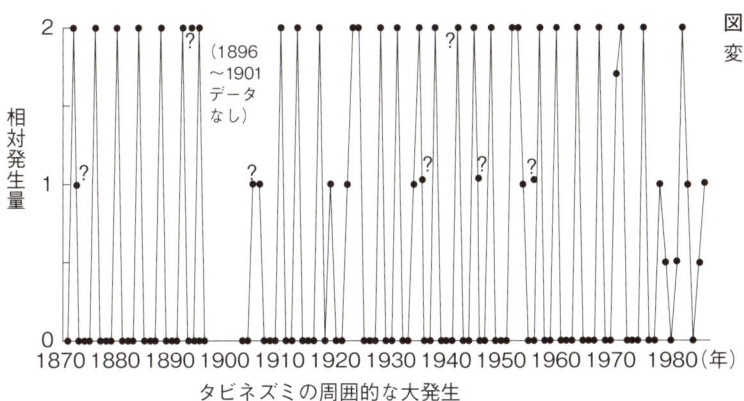

図1　タビネズミ（レミング）の周期的な変動 (Stenseth & Ims (1993) より)

タビネズミの周期的な大発生

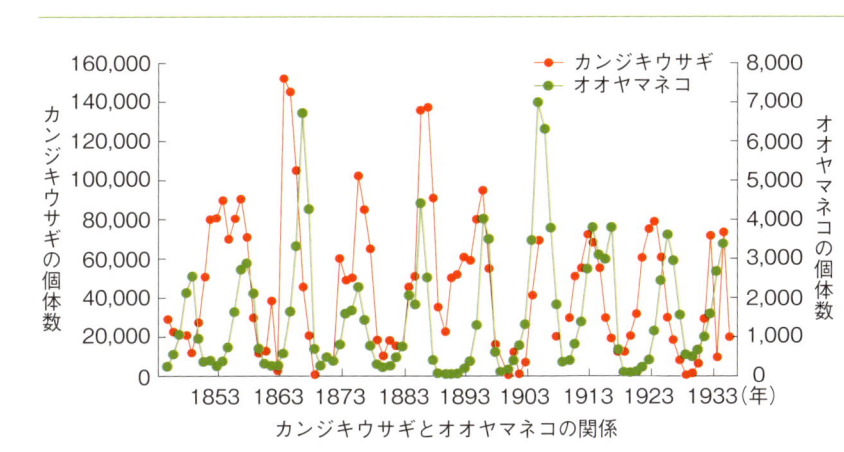

図2　カンジキウサギとオオヤマネコの10年周期 (Elton & Nicholson, 1942, MacLulich, 1937をもとに描く)
オオヤマネコとカンジキウサギの個体数変動。ハドソン湾会社の毛皮取引の記録を、エルトン、ニコルソン、マックルリッヒがまとめた。オオヤマネコの個体数は、カンジキウサギを追うように、9〜10年周期で変動している。

カンジキウサギとオオヤマネコの関係

野ねずみのワナを仕掛けに行くエルトン（1926年）
バイクの後ろに積んだ袋にはワナが入っている。当時英国紳士は外出するときには野外調査であっても正装することが習わしだった。"Elton's Ecologists" (P. Crowcroft 著, University of Chicago Press, 1991) より

　発生するのか？　その大発生はなぜ何百キロにもわたって同調するのか？　これらの疑問に答えるために、エルトンは仲間たちと野ねずみの調査を進めるとともに、動物の数についてのさまざまな記録を集めました。その中で最も有名なものは、カンジキウサギとオオヤマネコの変動についての研究です。エルトンはカナダのハドソン湾会社に保管されていた毛皮取引についての記録を分析して、カンジキウサギの個体数は9、10年周期で大きく変動し、オオヤマネコはその後を追うように変動していることを示しました（図2）。カンジキウサギはオオヤマネコの主要な食物ですから、食物が増えれば捕食者であるオオヤマネコが増え、捕食者が増えて食われる個体が増えればカンジキウサギが減少する、というように食うものと食われるものの相互関係で両者の変動が起きているように見えます。その後の研究で、この現象は食うものと食われるものの相互作用だけでは説明できないことが明らかにされるのですが、両者の特徴的な個体数変動は多くの人の興味を惹き付け、現在でもほとんどの生態学の教科書で紹介されています。

　エルトンがはじめに注目したのは個体数変動の周期性と同調性でした。タビネズミの大発生は、4、5年ごとに周期的に繰り返されます。しかもその大発生は、何百キロにもわたる広い地域で揃って（同調して）起こります。タビネズミは、なぜ4、5年ごとに大

　始めました。むしろ袋にワナを詰め込み、バイクに乗って森や林を走り回ったことでしょう。彼が26歳の時の写真が残っています。当時の英国紳士は野外調査に出かけるときにも正装していたのですね。

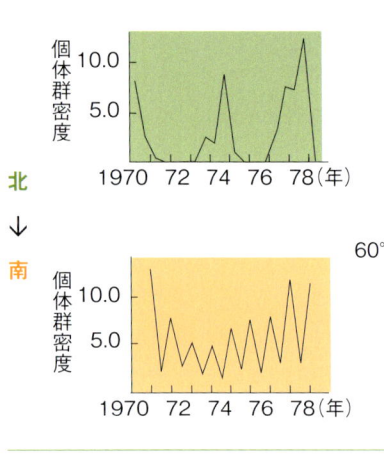

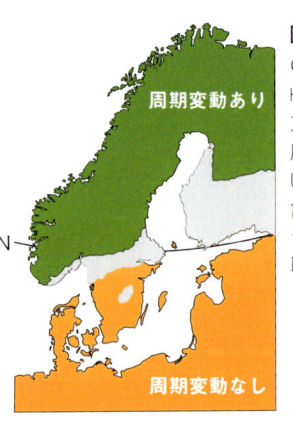

図3 ハンソンとヘントネンが発見した野ねずみの個体数変動パターンの地理的勾配（Hanson & Henttonen, 1988 から描く）

スカンジナビア半島の野ねずみの個体数は、北部では周期的に変動するが、南部では周期性ははっきりしない。左の個体数変動のグラフは季節変動（春と秋）も含まれているために南部でも周期的に変化しているように見えるが、秋だけ（あるいは春だけ）の個体数を取り上げると周期性は見られない。

変動パターンが地理的に変わる

エルトンの「発見」をきっかけにして始まった動物の個体数変動に関する研究はまたたくまに広がっていきました。エルトンらが中心になって明らかにしたタビネズミの4、5年周期、カンジキウサギとオオヤマネコの9、10年周期のほかに、ライチョウ類やハマキガという蛾のなかまの9、10年周期など、北方の森林に生息する動物を中心に、数え切れないほどたくさんの周期変動の例が報告されました。

そんななかで、変動パターンの地理的な変異に注目が集まっています。これは、野ねずみの研究のなかから浮かび上がってきたテーマです。

野ねずみの研究がさかんな北欧で、長くその研究をしていたハンソン（スウェーデン）とヘントネン（フィンランド）は、世界中の研究者に呼びかけて野ねずみの個体数変動のデータを集めて分析しました。そして、変動パターンが地域によって大きく違うことに気がついたのです。特に北欧では北に向かうほど周期変動が顕著になるという、はっきりとした地理的な勾配があ

りました（図3）。なぜ変動パターンに地理的な勾配が見られるのだろうか？ この問いを追求すれば個体数の周期変動の謎を解明できるのではないだろうか？ 多くの研究者が注目しました。

密度依存性

ハンソンとヘントネンは、変動パターンの地理的な勾配は2つの「密度依存性（みつどいぞんせい）」の組み合わせによって起きると考えました。

「密度」というのは、一定の面積あたりの生物の数のことです。ある動物が100頭いるとして、それが1ヘクタールの中にいるときと2ヘクタールの中にいるときのことを考えてみましょう。数は同じでも、密度はちがう状態です。この動物を探すとしたら、密度の高い場所のほうが、見つけやすいですね。生物にとっても、仲間との出合いやすさえさのとりやすさなどが異なるために、かれらの生活の仕方にも影響が出ます。そのため、生きものの数のことを考えるときには、数だけでなく密度を知っておくのは大切なことです。

密度が高い状態なら、生物が生き残

るのに必要なもの、たとえばえさや、子どもを育てるのに適した安全な巣場所などの取り合いが激しくなります。そうすると、栄養不足で新しく生まれる子どもの数がいつもの年より少なくなったり、生き残れずに死んでしまうものも出てくるでしょう。親の死亡率も高くなるはずです。このようなことから、前の年の密度が高かったら翌年の個体数が減少することは容易に考えられます。逆に密度が低い年の翌年には、これとは反対の効果によって、個体数は増えるでしょう。「密度依存性」というのは、このような、ある年の密度が前の年の影響を受ける性質のことです。

密度依存性が周期性を生む

ある地域の中の生物のまとまり（ここからは生態学の用語を使って「個体群（こたいぐん）」と呼ぶことにしましょう）は、増え続けたり減り続けたりせずに、密度依存性という性質によって増減が入れ替わるように変動して存続していると考えられています。そして、個体数が1年前だけでなく2年前の密度の影響も受ける場合、増減のパターンに多様性が生まれます。

8

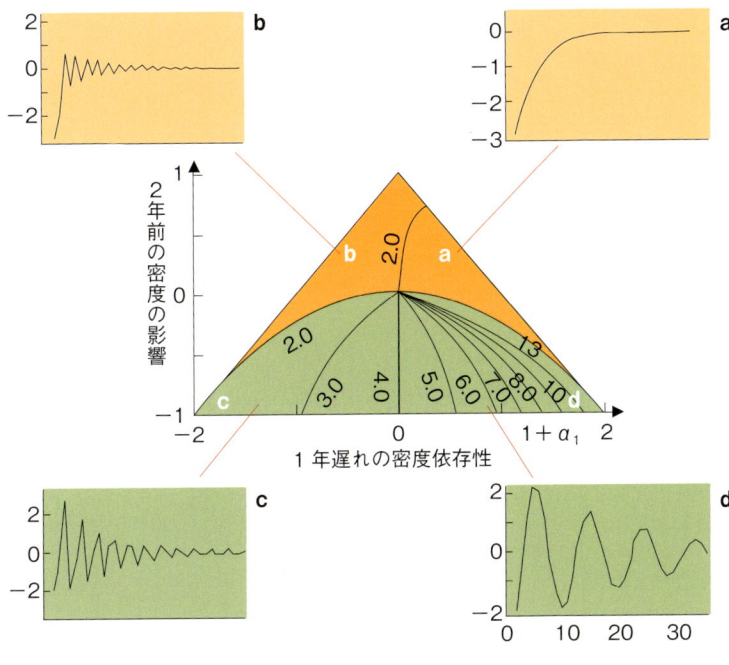

生きものの数の不思議を解き明かす 動物の数から何がわかるのか？

図4　個体数変動パターンのと密度依存性の関係（Royama, 1992 から描く）

長期間存続する個体群の密度依存性は三角形内に収まる。1年遅れと2年遅れの密度依存性の組み合わせによって、さまざまな変動パターンが生まれる。密度依存性を示す係数が負の場合、密度依存性があることを示す。値の大きさは密度依存性の強さを示す。a～dのグラフは、三角形内4領域の代表的な個体数変動パターンを示す。周期的な変動を示す個体群の密度依存性は2年遅れの密度依存性が強い緑色の領域にある。周期の長さは主に1年前の密度依存性によって決まり、1年前の密度依存性が弱いと長周期になる。
グラフb～dでは、はじめは変動幅が大きいのに、徐々に幅は小さくなり、やがて変化が見られなくなっている。密度依存性の影響だけでは周期性が維持される理由を説明することはできないようだ。蝋山は、実際に観察している個体群の変動を理解するには、密度依存性に加えて気象要因などの密度に依存しない効果も含めて検討することが重要だと述べている。

周期性が確認されている生きものの例

ナミスジエダシャク雌（左上）、幼虫（左）、雄（上）
（撮影／松木佐和子）

マイマイガ（左）、幼虫（上）
（撮影／松木佐和子）

日系カナダ人の蝋山は、1年前の密度と2年前の密度の影響の強さと変動パターンの関係を詳細に分析しました。

図4の横軸は、ある年の密度が1年前の密度にどれくらい影響を受けるかを示しています。縦軸は2年前の密度の影響です。どちらも0はまったく影響を受けない状態です。密度依存性の影響の程度を示す数（係数）が負の部分は、密度依存性が存在することを示します。密度依存性が強くなると、負の値が大きくなります。これによって、長期間存続する個体群の密度依存性の係数の組み合わせは、三角形内に収まることがわかりました。

2つの密度依存性の影響のもとで、個体数がどのように変化するかをグラフに示してみると、組み合わせのちがいにより増減のパターンが異なるのがわかります。aの部分は、1年前、2年前のどちらの影響もあまり大きくない状態です。この状態の場合、個体数は単調に増加してその環境の中で存続できる最大の個体数に達し、その後はそのまま変動しません。一方、他の領域では個体数は変動しています。周期の長さと変動幅の大きさは2つの密度依存性の強さと組み合わせで決まり、2年前の密度の影響が強い部分（緑

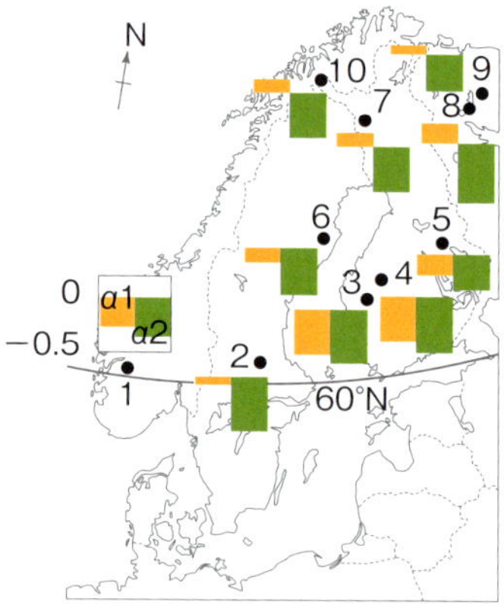

図5 北欧の野ねずみ個体群の密度依存性
(Stenseth et al., 1998 から描く)

1年遅れは橙色、2年遅れは緑色で示した。バーの長さは影響の大きさを示す。1年遅れの密度依存性は北に行くほど弱くなり、場所によっては逆（個体数が増えた翌年に増加する）の影響が出るところもある。2年遅れの密度依存性の地理的変異は小さく、どの地域でも比較的強い。

地理的勾配の謎

北欧の野ねずみ個体群の密度依存性を分析すると、2年前の密度の効果はどの個体群でも強いのに対し、1年前の効果は北に向かうほど弱くなることがわかりました（図5）。

捕食者の効果

それでは、なぜ北に行くほど1年前の密度の効果が弱くなるのでしょうか。ハンソンとヘントネンは捕食者の効果を重視しました。イタチの一種のイイズナなどのような、野ねずみを主食にしている野ねずみ専門の捕食者がいます。かれらの密度は、野ねずみの変動を追うように変動します（図6）。これが影響しているのではないかと考えたのです。

イイズナはほかのえさをとらず野ねずみばかりを食っているのですから、野ねずみの数が増えたとしても、1頭がふだん以上にたくさんの野ねずみを食うことはありません。イイズナ個体群全体がよりたくさんの野ねずみを食うには、個体数を増やす必要があります。しかし、子を産み育てるには時間がかかるので、イイズナの変動よりも遅れて野ねずみの変動は返ってくるので、専門家捕食者は2年遅れて影響してくると考えられます。

一方、いろいろな動物を食うキツネなどの捕食者（何でも屋捕食者）は野ねずみが少ないときは他のえさを食っていますが、野ねずみが増えると主食を野ねずみに切り替え、野ねずみをたくさん食うようになります。このようなえさの切り替えにはあまり時間がかからないので、何でも屋捕食者は1年遅れの密度効果をもたらすと考えられます。

スカンジナビア半島の南部では、何でも屋と専門家捕食者がバランス良く生息しているので、1年前、2年前両方の密度効果がはたらくのに対して、北部では何でも屋が少なく、捕食者は専門家がほとんどです。また、雪の上でも屋と専門家捕食者の影響によって説明できます（図7）。この軸の傾きは海流の影響によって説明できます（図7）。北海道は北東に向かうほど周期性が強まっていて、北欧とは違う点があります。

しかし、北海道は北欧とは違う点があります。それは、地理的勾配の軸が東に傾き、北東に向かうほど周期性が強まっていることです（図7）。この軸の傾きは海流の影響によって説明できます。北海道は西（日本海）の対馬暖流と東（太平洋）の千島寒流の影響を受け、西の方が温暖になる傾向があります。もちろん南北にも寒暖の差があるので、北東へ行くほど寒冷になるという勾配が生ま

を野ねずみに切り替え、野ねずみをたくさん食うようになります。このようなえさの切り替えにはあまり時間がかからないので、何でも屋捕食者は1年遅れの密度効果をもたらすと考えられます。

からえものを狙うなんでも屋は、北方の多雪地帯では野ネズミを捕食しにくいのです。そのために、1年前の密度効果が弱くなると考えられます。その後の調査で、ハンソンとヘントネンのこのような考えに沿う結果が得られています。

日本ではちがった！

個体数の変化に関するこのような考えで、他の地域で見られる現象も同じように理解できるのでしょうか。

北海道も、北欧と同様に野ねずみの調査・研究がさかんで、エゾヤチネズミという野ねずみの個体群の変動について膨大なデータが蓄積され、変動パターンの地理的勾配も見つかっています。

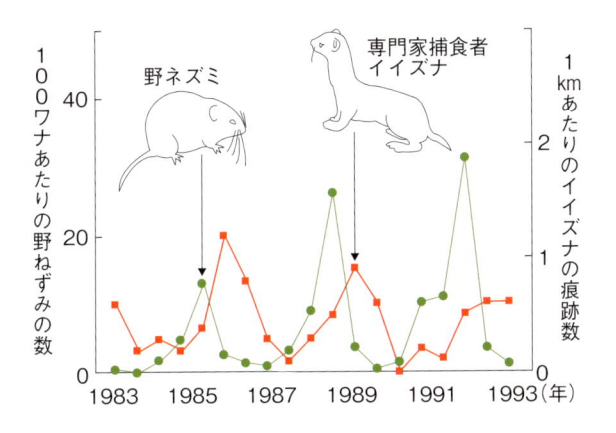

生きものの数の不思議を解き明かす　動物の数から何がわかるのか？

図6　北欧における野ねずみと専門家捕食者個体群（イイズナ）の変動（Norrdahl, 1995から描く）

野ねずみの個体数（●）は複数の種類を合計し、ワナ100個あたりの捕獲数で示してある。イイズナの個体数（■）は足跡や糞などの痕跡を調査距離（1km）あたりの値で示してある。個体数は春と秋の年2回示してある。イイズナは野ねずみのあとを追うように、どちらも3年周期で変動している。

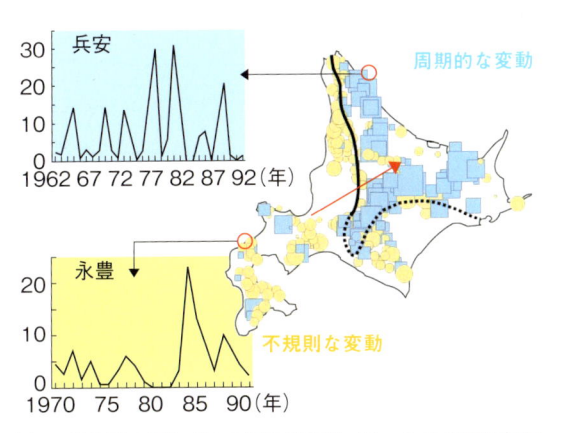

図7　北海道の野ねずみの個体数変動パターンの地理的勾配
(Saitoh et al., 1998から描く)
225個体群の位置と周期性の有無を示す。四角は周期性がある個体群、丸は不規則な性質の個体群で、四角と丸の大きさはその傾向の強さをあらわしている。北東に向かうほど周期的な性質が強まっているのがわかる。

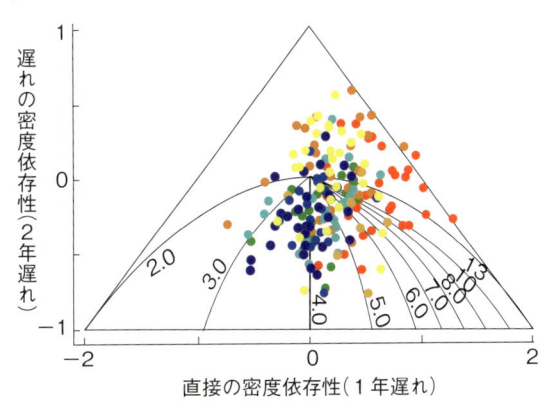

図8　北海道の野ねずみ個体群の密度依存性
189個体群の密度依存性（1年遅れと2年遅れの組み合わせ）を蝋山の図に示す。南西部の個体群は暖色系、北東部の個体群は冷色系であらわした。密度依存性は両方とも南西部の個体群で弱く、北東部の個体群で強い。これに伴って、北東部の個体群で周期性が強くなる。

れます。北海道と北欧で地理的勾配の軸の傾きに違いが見られましたが、その違いは見かけ上の問題で、野ねずみ個体群は寒冷になるに従って周期性が強まるパターンは共通していました。

ところが、密度依存性のパターンが違っていたのです。北海道では2つの密度依存性は北東に向かうほど強くなっており、次第に周期性が強い領域に入っていきます（図8）。このパターンは明らかに北欧と違います。北欧と同じメカニズムでこのパターンを説明できるのでしょうか。

ハンソンとヘントネンの仮説に従えば、北海道の北東部では捕食者相は専門家捕食者に偏るはずですが、北海道ではそのような傾向は見られません。知床などのオホーツク海沿岸でも何でも屋捕食者のキタキツネは普通に見られます。また、多雪地帯では何でも屋捕食者の影響が弱まり、周期変動が見られるはずですが、雪の多い日本海側では不規則な変動パターンが一般的です（図7）。

謎は解けていない

ハンソンとヘントネンの仮説の普遍性については北海道以外からも疑問が

北海道の何でも屋捕食者，キタキツネ
（撮影／堀野眞一）

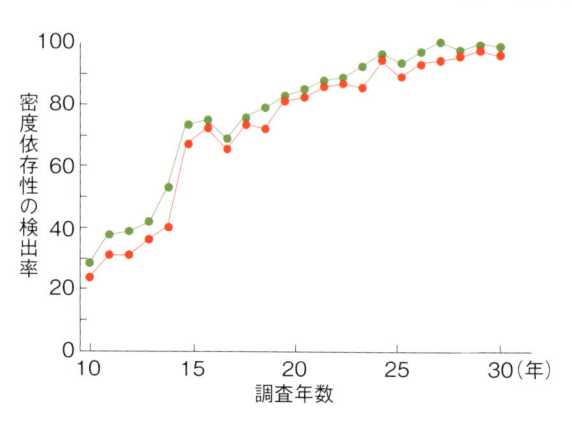

図9　エゾヤチネズミ個体群の密度依存性の検出率とデータ量（調査年数）との関係
2つの方法を用いて、31年間のデータのうちのはじめの10年間で密度依存性の有無を検討した。その後、分析するデータ量を1年ずつ増やして検出率の変化を吟味した。どちらの方法もデータ量が増えると検出率が上昇した。

地球に定員はあるのか？　まだ余裕はあるのか？　環境問題が深刻さを増している現在、多くの方が「地球の定員」を感じていることと思います。ちょっと堅苦しくなりますが、この問題を生態学の言葉に直すと「平衡状態にあるのか？」という課題になります。資源が無限にあるならば生物は増加能力を最大限に発揮して、「ねずみ算」に従って数を増やします。しかし、現実には資源は有限ですから、高密度になると資源をめぐる競争などの効果によって増加率は減少し、個体群は「定員」（環境収容力）内にとどまると考えられます。図4のaのグラフでは、密度は単調に増加していって、あるところに達するとそれ以上は増えも減りもしなくなっていました。これは「定員」に達し、平衡状態になったことを示しています。
生物の歴史は十分に長いのですから、ほとんどの生物は「定員」近くまで増加し、その周辺にとどまっているように思えます。でも、台風や異常気象（このような現象を「攪乱」といいます）などのために個体群が頻繁に減少させられているとしたらどうなるでしょうか。「定員」に到達する前に攪

「定員」をめぐる大論争

野ねずみの個体数変動の謎はそれ自体が興味深く、生態学の発展に歴史的にも貢献してきましたが、その謎解きはまだ道半ばであることは先に説明したとおりです。謎解きに成功していないのに生態学の発展に貢献してきたというのは説得力がありませんね。でも、実際、野ねずみの個体群研究は生態学の重要な課題のいくつかに答えてきました。

投げかけられています。スコットランドでは野ねずみと病気の相互関係に着目した研究が進められていますし、北米では種子の豊凶との関係で周期性が分析されています。一方で、寒冷になるに従って周期性が強まるという地理的勾配は、北欧、北海道に続きポーランド～スロバキア、北米の一部でも確認されています。パターンの共通性は同じメカニズムを共有していることを意味しているのでしょうか。それとも、メカニズムは地域によって違うのでしょうか。ハンソン・ヘントネン仮説とは違う普遍性を持ったメカニズムはあるのでしょうか。野ねずみの個体数変動をめぐる謎は深まるばかりです。

生きものの数の不思議を解き明かす　動物の数から何がわかるのか？

野ねずみの一種、アカネズミ（撮影／高橋明子）

野ねずみが食べた痕の残るどんぐり（撮影／齊藤隆）

乱を受け続けているならば、個体群は平衡状態に達しないとも考えられます。

個体群は密度効果によって平衡状態に制御されているのか？　それとも攪乱の影響を強く受けているために平衡状態にないのか？　この問題は生態学に大論争を巻き起こしました。

これに答えるためには、個体群に「密度が高くなったら増加に歯止めがかかる」性質（密度依存性）があるのかを調べる必要があります。論争が激しかった1950年代にはこの問題に決着をつけられるほど十分には研究が蓄積されていませんでした。

図9を見てください。密度依存性の検出率は調査年数が長くなるほど高くなっています。つまり、十分な長さ（20年以上！）のデータがないと密度依存性は発見されにくいのです。1950年代にはまだ十分な長さのデータが少なく、信頼のおける分析ができませんでした。また、農地など頻繁に人為的な攪乱が入るような環境では「定員」に達するまでの時間が足りないので、平衡状態になりにくいことも明らかにされています。

このような研究が積み重ねられ、多くの個体群は基本的には密度依存性を持っているが、気象などの密度に依存しない要因の影響も受けているので、無限に増加することもなく、また、平衡状態にとどまることもなく変動するのだ、と理解されるようになりました。

このような理解が定着したのは1990年代のことから30年以上たった1990年代のことです。野ねずみの個体群研究は、昆虫個体群の研究とともにこの問題の解決に大きな貢献をしたのです。

数の変化からわかること
—— 食物資源の重要性を解く

生物個体群が存続するためには、食べものや営巣場所など、さまざまなものが必要です。これらはすべて「資源」と呼ばれます。資源というと、石油や鉱石などのような物質を想像するかもしれませんが、生物にとっては営巣場所のような空間も資源です。このような資源の量と個体数の間には切っても切れない関係がありますが、その関係を解きほぐすのはそれほど簡単ではありません。

野ねずみとドングリの関係を考えてみましょう。アカネズミは秋になるとせっせと集めミズナラのドングリなどを

13

め、巣穴などに貯蔵します。ドングリはアカネズミの冬場の主要な食物だと考えられますが、かれらはどれほどこの資源に依存しているのでしょうか？

アカネズミはクルミなどほかの種子も利用するので、アカネズミとドングリの数を毎年数え、両者の変化を比べるだけでは十分な分析とはいえません。アカネズミが利用するえさ全体の資源量を考える必要があるのですが、アカネズミが利用するすべてのえさの全体の資源量を調べることは大変です。それではどうすればよいでしょう。

もし、アカネズミがドングリに強く依存している、つまりドングリを主要なえさとしているならば、ドングリが少ししか実らない凶作の年には、ドングリを十分に食べられない個体が増え、翌年の個体数は少なくなるでしょう。一方、他の食物にも依存しているなら、ドングリが凶作の年には主食を他のえさに切り替えてしまうでしょうから、このような関係ははっきりとはあらわれないはずです。つまり、数だけでなく密度依存性も調べることで、ドングリとアカネズミの関係をより深く理解することができるわけです。

図10に、アカネズミの個体群増加率と密度の関係をドングリの豊凶を加味して示しました。密度が高くなると増加率は低下するという密度依存性が明瞭にあらわれています。

密度依存性は、密度が高くなったら増加に歯止めがかかる性質です。しかし、資源が無限にあるのなら、この性質はあらわれません。また、資源が少ないときにはより低い密度でも資源をめぐる競争が激しくなり、密度依存性があらわれます。つまり、密度依存性は資源量との関係で強くなったり弱くなったりすると考えられます。

ドングリの豊凶に注目してもう少し細かくこの関係を見てみましょう。同じような密度の時でも増加率が高かったり低かったりしています。ドングリが豊作の年は凶作の年よりも増加率は高めになっています。すべての年が豊作だと仮定して密度依存性の強さを示す曲線を描き、すべての年が凶作だと仮定した曲線と比較してみました。豊作の密度依存性曲線は凶作の曲線よりも常に上にあり、豊作年は凶作年よりもアカネズミは増加しやすく、競争が緩和されていることを示しています。逆に言えば凶作年の密度依存性は強く、少ない資源をめぐって競争が激し

アカネズミ（撮影／島田卓哉）

エゾヤチネズミ（撮影／島田卓哉）

14

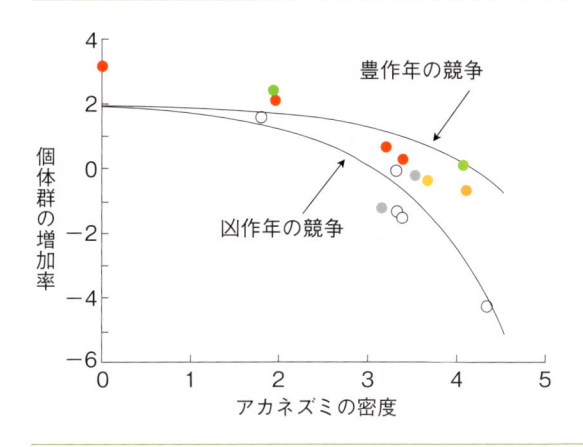

図10 アカネズミ個体群の密度依存性とドングリ（ミズナラの実）量との関係

ドングリ量は丸印の色で示した。豊作年は赤で示し、白に近づくほどドングリ量が少なくなっていることを示す。密度が高くなると増加率は低下するという密度依存性が強くあらわれている。すべての年が豊作（凶作）だと仮定した場合の密度依存性を曲線で示した。豊作の密度依存性曲線は凶作の曲線よりも常に上にあり、競争が弱くなることを示している。（Saitoh et al. 2008 から描く）

生物多様性を示す指標に「多様度」があります。これは、種の豊富さと個体数の偏りから算出するもので、種数が多く、それらの種の個体数が均等であるほど多様性が高くなります。

北海道の国有林には、エゾヤチネズミ、ミカドネズミ、ヒメネズミ、アカネズミの4種類が生息していますが、これを例に考えてみると、4種の野ねずみがいるのですから、最も多様性が高いのはそれぞれの種類の個体数が等しい、つまりそれぞれの種類の個体数が全体の4分の1ずつになっている状態です。逆に、どれか1種が非常に増えて、大部分を占めるようになったら、多様性は低くなるということです。

北海道の国有林では長年野ねずみの調査が行われてきていて、それぞれの

くなっていることになります。凶作年には主食を他の餌に切り替えてしまう場合、このような関係は現れません。つまり、アカネズミにとってミズナラ堅果は他の食物では代用できないほど強く依存している主食だったのです。

数の変化からわかること
―― 過去の環境と多様性の変化を読み取る

ヒメネズミ（撮影／島田卓哉）　　　ミカドネズミ（撮影／岩佐真宏）

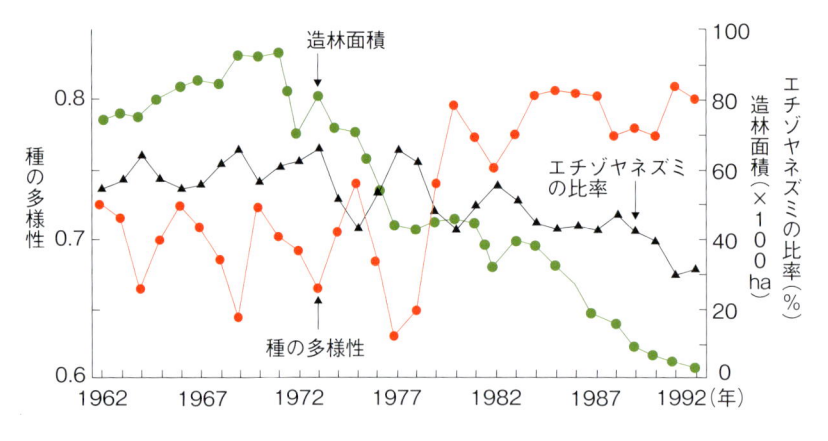

図11 野ねずみの種の多様度と造林地面積の関係(Saitoh & Nakatsu, 1997 から描く)

多様度（●）は1980年代に入ると上昇している。これは、新しく作られる造林地の面積が急激に減少した時期とよく一致していた。また、野ねずみ全体の数に占めるエゾヤチネズミの比率も80年代に入ると減少した。大規模な造林地はエゾヤチネズミに偏った生物群集の原因となり、多様性を低下させていたことがわかった。

トドマツ若齢林
落葉広葉樹林を伐採したあとにトドマツの苗木が植えられている。よく陽が当たるため、下草も茂っている。エゾヤチネズミはこのような環境を好む（撮影／高橋昌義）

トドマツ壮齢林（撮影／高橋昌義）

個体数が記録されています。この個体数をもとに野ねずみの多様度を計算し、その変化を調べてみると興味深いことがわかりました。

図11を見てください。1960年代から1970年代にかけて0.7付近で変動していた多様度は1980年代に入ると0.8くらいに上昇しています。この変化は70年代後半から80年代初頭の比較的短い期間に起きました。いったい何が起こったのでしょう。

実はこれには、国有林政策が関係していました。国有林はこの時期に人工林重視の政策を改め、人工林の造成を控えるようになったのです。新しく作られる造林地の面積が急激に減少した時期は、野ねずみの多様度が上昇した時期と良く一致しています。野ねずみの多様性は、森林管理の変化に対応していました。

それぞれの種類の、野ねずみ全体の数に占める比率を見てみましょう。エゾヤチネズミの比率は、60年代から70年代にかけては全体の60％以上を占めていましたが、80年代に入るとその比率は徐々に下がり、40％を下回るまで減少しました。新しく作られる造林地の減少とともにエゾヤチネズミの比率

生きものの数の不思議を解き明かす **動物の数から何がわかるのか？**

生きものの数やその変化を知ることは、自然の変化を知るうえでとても大切です（イラスト／柏木牧子）

毎年秋になれば紅葉の進み具合とともに森の実り具合も気になります。クリ、ブナ、キノコなどの豊凶が話題にのぼることも多いでしょう。「関年（つるべどし）には不作が多い」など豊凶に規則性を見いだそうとすれば、それはもう個体群生態学に足を踏み入れたと言えるでしょう。

動物や木の実の数を数え、記録する。そんな地道な活動が身近な自然の変化を知る基礎資料になります。これまでいなかった外来種を見るようになった。ありふれた存在だと思っていた動物の姿を見なくなった。そんな記録も貴重です。ありふれた動物だったリスは西日本では絶滅が危惧されるようになりました。でも、いつからそのような状態になったのかについて断片的な情報しかありません。

どこにどんな動物がどれほどいるのか？　狩猟採集時代その知識は死活問題でした。今、我々にとってその知識は飢えに直結する問題ではなくなりましたが、「死活問題ではない」と言えるでしょうか。生物の分布や数に関心を持ち、身近な自然の変化を知ることは狩猟採集時代とは違った重みを持っています。

個体群生態学

動物の数が変動することへの驚きから、個体群生態学という科学が生まれました。なぜ周期的に変動するのか？　何が同調をもたらすのか？　なぜ地理的な違いがあるのか？　これらの問いそのものに私たちは惹きつけられます。

が減少したと考えられます。

野ねずみの主な生息地は森林ですが、エゾヤチネズミは例外で森林にも草原にも生息し、どちらかというと草原的な環境を好んでいます。かつて造林地の造成は、広葉樹主体の天然林を大規模に皆伐したあとにカラマツやトドマツなどの針葉樹の苗木を植えることが一般的でした。数十ヘクタールに渡る畑のような環境が森林のそこここに作られていたのです。

太陽の光が林床にまで届くような、明るい若い森林をエゾヤチネズミは好みます。新しい造林地はエゾヤチネズミにうってつけの環境で、他の野ねずみを圧倒するように個体数を増やし、時には造林木に食害を与えていました。大規模な造林地はエゾヤチネズミに偏った生物群集の原因となり、多様性を低下させていたのでした。

森林の結実を測り、予測する
——ブナ豊凶の全国予報への途

森林総合研究所 ● 正木 隆

著者略歴
まさき たかし
森林総合研究所群落動態研究室長。メインテーマは天然林における樹木の個体群動態の研究。他にも、ブナをはじめとする樹木の豊凶とツキノワグマの出没現象の関係解明や、スギ・ヒノキの人工林の育て方の研究にも取り組んでいる。

日本の天然林を代表する樹木、ブナ。
このブナは、秋の実りが年によって大きく変動することが知られています。
足の踏み場もないほど実ができる年と、ほとんどみのらない年があるのです。
ある年にブナはたくさん実をつけるのかどうかをあらかじめ知ることは、
ブナ林の再生をはかり、クマの出没を管理するうえでも重要です。
結実を予測するしくみ作りは、実を数えることから始まりました。

ブナ豊凶の全国分布

私が所属する森林総合研究所では、毎年、ブナの結実状況の全国調査結果をホームページでお知らせしています。ただし、厳密に言うと全国ではなく、北海道、本州の紀伊半島、四国、九州のブナ林のデータはありません。しかし、ブナの主な生息地はおおむねカバーしています。一つの樹種の結実のデータが、これだけ広域でまとまって示されている例は、日本ではなかなかほかにはないと思います。

ホームページに載っているのは図1のような結実状況の分布図です。この図、どことなく降雨量の分布を示すアメダスに似ていると思いませんか? この調査を最初に思いついた森林総合研究所の方は、洒落っ気でブナの結実調査をタネダスと名づけました。

このタネダスはどのように調査され、そして、このデータからブナのどのような性質がわかってきたのでしょうか。ここでは、それについてお話ししたいと思います。

シードレイン
——森に種子の雨が降る

秋になると森林では落ち葉が舞い、それとともに種子も上から降ってきます。カエデのなかまやカンバのなかまのように風に乗って運ばれる種子があります。そうかと思えば、ブナ科樹木の果実(ドングリ)やトチノキの種子のように、ストーンとまっすぐに落下するタイプもあります。

英語ではこれをズバリ、シードレイン(seed rain)すなわち「種子の雨」と呼びあらわします。なかなか雅趣のある表現ですが、学術的には定着した用語で、英語の論文を読むと普通に使われています。

日本では明治期に欧米の抽象的な概念を輸入する際に、わざと難しい漢字を組み合わせてたくさんの造語をつくりました。しかし、実は欧米では日常用語を組み合わせて学術用語にすることが多いのです。seed rainはそんな学術用語のひとつでしょう。落ちた後、発芽せずに土の中にとどまっている種子の集団を、英語でシードバンク(seed bank)すなわち、「種子の銀行」とよんでいます。

生きものの数の不思議を解き明かす 森林の結実を測り、予測する

秋のブナ林
（撮影／正木隆）

図1 タネダスの画面
森林総合研究所のホームページで見ることのできる結実状況分布図（左は2005年の例）
http://ss.ffpri.affrc.go.jp/labs/tanedas/tanedas-index.html

豊作年のブナ枝先
ブナの木に登って撮影した
（撮影／陶山佳久）

漢詩に「山雨来たらんと欲して風楼に満つ」という句がありますが、シードレインもそんな感じです。秋、森林で強い風が吹くと、上から種子がばらばらと落ちてくることがあり、風が山に吹くと、なるほど確かに種子の雨が降りしきると得心します。

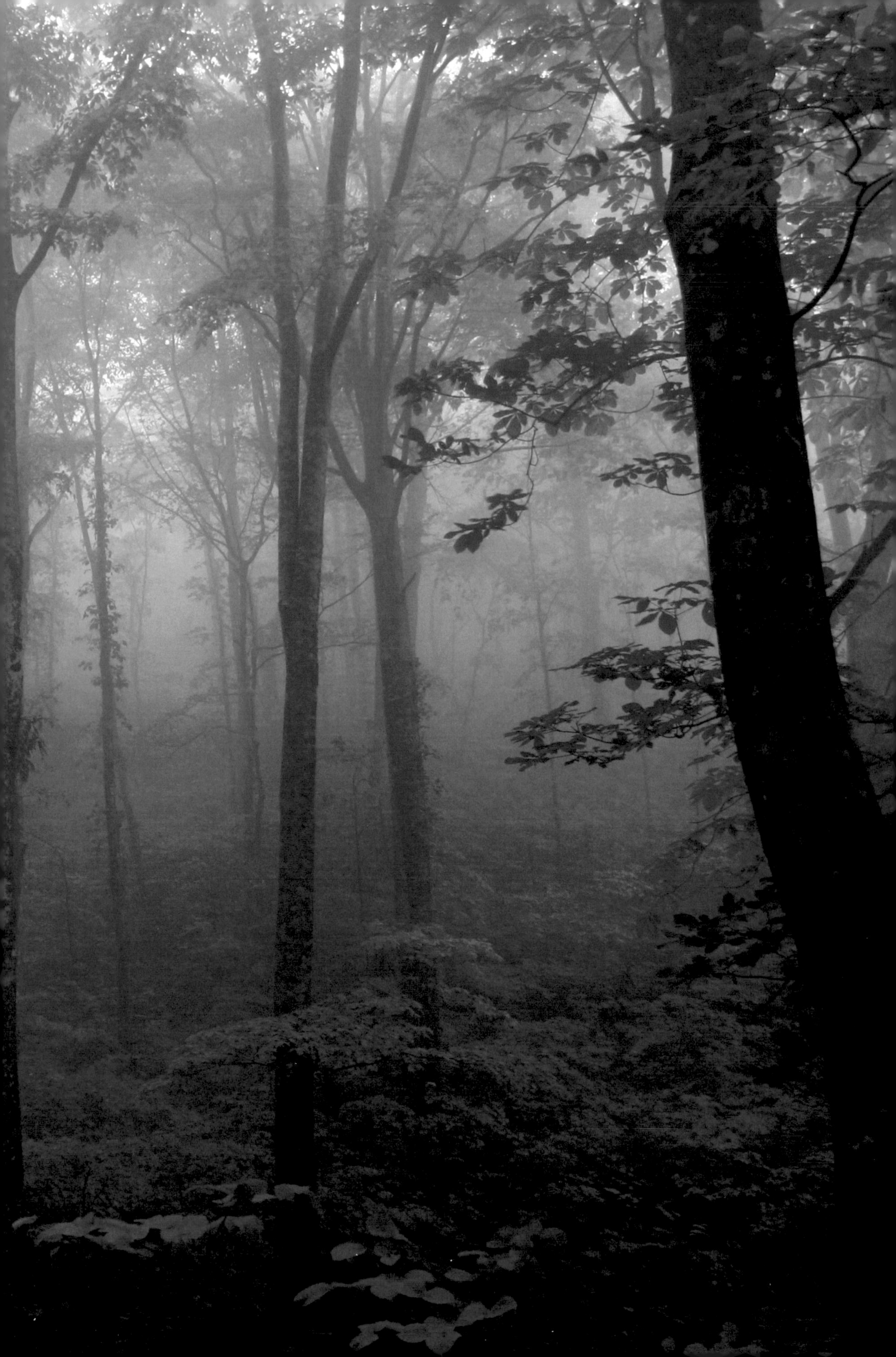

霧のブナ林（撮影／陶山佳久）

シードレインは森の恵み

ことわざに、雨降って地固まる、というのがありますね。シードレインも、ある意味、地面を固めます。落ちた種子が発芽し、育った芽生えが根を張って定着し、やがて大木になれば、それは地表をしっかりと支える存在になります。

また、「恵みの雨」という言葉があります。適度に雨が降れば台地が潤い、植物が育ちます。人間の飲料水の源にもなります。シードレインも同様に、森にとっては恵みとなるものです。ドングリは、森林にすむ動物にとって貴重な栄養源です。野ネズミやツキノワグマなどの哺乳類やカケスなどの鳥類は、秋にせっせとドングリを食べ、せっせと貯蔵し、来るべき冬に備えます。

動物だけでなく人間も、秋にドングリを集めて食糧とする地域があります。中国山地ではトチノキの実を集めて栃餅によく利用していますし、東北の北上山地ではミズナラの実を「シダミ」と称してかつては主食糧にしていました。韓国にもかつてはナラ類のドングリを集め、餅のように加工して食べている

地域が今でもあります。

しかし、樹木は動物や人間に食べさせるために種子を実らせるわけではありません。あくまでも自分の子孫を残すためのものです。ドングリは食べられてしまったらおしまいです。サクラ類やミズキなどの果実は柔らかくて栄養のある果肉をもっていて、たしかにこれは動物に食べてもらうためのものです。動物はサクラ類やミズキの果実を飲み込み、果肉だけを消化し、排泄によって種子を無事に遠くに運びます。肝心の種子は砕かれないようにかたい組織でおおわれています。ドングリもサクラも、種子が食べられたら自分の子孫を残すことができません。シードレインは本来、森林の次世代の樹木をはぐくむものなのです。

豊作と凶作

樹木の中には、種子が大量になったり（豊作）、ならなかったり（凶作）という豊凶現象を示すものがあります。日本では、ブナがその代表的な樹木です。このような豊凶現象が進化してきた背景は、その性質が動物による種子の食害を逃れるのに有利だったから、という学説があります。つまり、

凶作であれば、動物が飢えて死亡し、個体数が減ります。その直後に豊作がくれば、動物が少ないために種子が食い尽くされることがなく、植物も子孫を確実に残すことができる、という説です（捕食者飽食仮説）。厳密には証明は難しいのですが、ほとんどの研究者はこの学説を指示しているようです（私も含めて）。

人間を悩ます豊凶現象

動物だけでなく、人間もこの豊凶現象には悩まされています。なぜなら、種子は林業においてもたいへん重要だからです。林業には、シードレイン（またはシードバンク）を活かして次世代の森林をつくる「天然更新」という技術があります。しかし、地表に種子が少ないときにいくら木を伐っても、その後に新しい木はあまり生えてきません。本来であれば、種子が豊富に落ちているときに樹木を伐採するのがルールです。このルールを守らずに森林を伐採すると、植林でもしないかぎりなかなか元の森林に戻りません。

毎年一定の量の種子が落ちてくるのがあれば、こういう失敗は起こりません。しかし、残念ながらそのような失

夏のブナ（撮影／陶山佳久）

生きものの数の不思議を解き明かす 森林の結実を測り、予測する

敗をした伐採地はしばしば見かけられます。つまり、ブナ林を伐採した後に、ブナの芽生えが十分に生じ、それが育つことで元のブナ林の姿へと着実に戻っていく……そういう事例は、あまり見ることがないのが実状なのです。

その大きな原因の一つは、伐採の直前のブナのシードレインが少なかったからだと考えられています。まさにシードレインとその豊凶がブナ林の死活を左右しているのです。

人間とのかかわりでいえば、最近のツキノワグマの人里への出没現象もエサとなる山の種子の豊凶現象と密接な関係があるといわれています。したがって、クマの出没への対策には主な樹木のシードレインのモニタリングが組み込まれています。これについては他の章で詳しくふれられているので、そちらをご覧ください。

以上のことから、森林のシードレインを正確に把握し、さらに予測することが、人間にとって大切なことであることがおわかりいただけると思います。

そこで、シードレインを測定する方法が今までいくつか考え出されてきました。また、それを予測する方法につ

ドングリ加工品。現在でも、ブナ林のどんぐりを利用した特産品などが開発されている

森林シードレインの測り方❶ 拾う

いちばん原始的な方法で、森林の地表に落ちている種子の数を数えるというもの。でも、この方法にはいくつかの問題が……。

その1：食べられてしまう

落ちた果実を、野ネズミやツキノワグマなどの動物が拾って食べてしまうことがあるので、実際に落ちた数がつかみきれません。

その2：飛んでいってしまう

ドングリのように木の真下に落ちるものばかりならともかく、カンバ類のように風に乗って飛ぶ種子は木から離れたところにもたくさん落ちます。そうした種類では、木の下に落ちている種子はほんの一部でしかありません。それ以上に問題なのは、小さいものが多く、森林に落ちているものを拾って数えるのはほとんど不可能だということです。

……というわけで、種子を拾う試みは労の多い割には、あまり得策であるとはいえません。

23

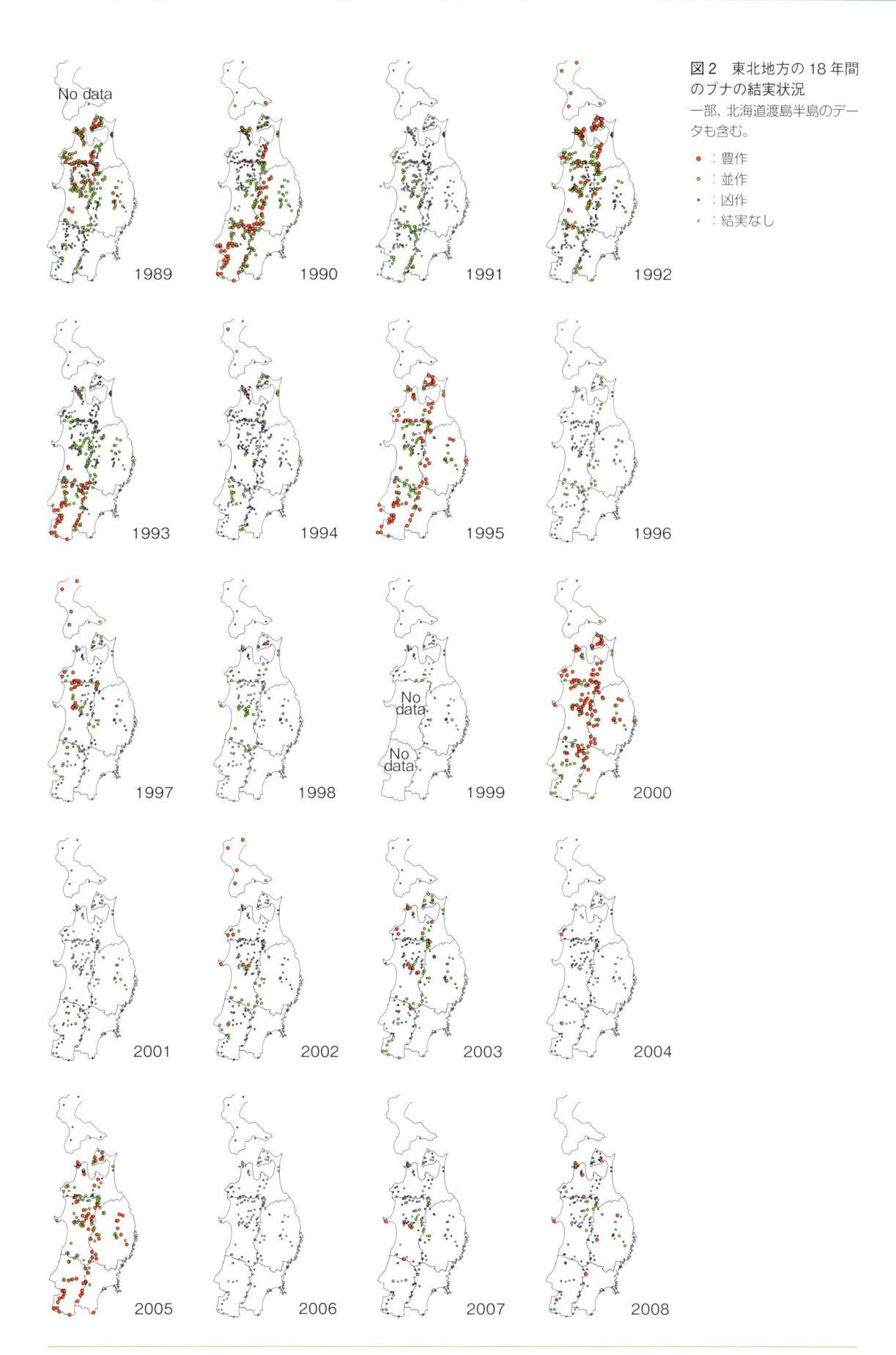

図2 東北地方の18年間のブナの結実状況
一部、北海道渡島半島のデータも含む。
● ：豊作
● ：並作
・ ：凶作
・ ：結実なし

生きものの数の不思議を解き明かす 森林の結実を測り、予測する

タネダスで見るシードレイン

東北地方には、1989年からはじまるタネダスのデータがあります。それを元に、結実の分布図ができました。これからブナの結実のパターンがいくつか見えてきます。たとえば2005年はかなり多くの地域でブナの結実が見られました。一転して2006年は、ブナの結実はほとんど見られません。典型的な凶作年でした。

先に述べたとおり、この豊凶現象を予測できれば、人間に大いに役立ちます。どのような条件がそろえばブナは2005年のような豊作になるのでしょうか？　どのようなときに2006年のような凶作になるのでしょうか。このタネダスのデータを使ってメカニズムを解明し、予測する方法を編み出せないか、と考えました。

いても、研究者が知恵を絞ってきた経緯があります。それについては各ページの囲み記事をご覧いただくとして、次のページからは「タネダス」のデータを元に、ブナの豊凶現象について考えてみましょう。

森林シードレインの測り方 ❷ 種子トラップで集める

種子トラップを森林内にまんべんなく配置すれば、シードレインの量や空間分布を測ることができます。しかし、それでも問題が……。

その1：労力がかかる

写真は筆者の調査地の1年分のサンプル。種子だけではなく落葉も含まれ、ごらんのとおりの膨大な量。ここから落葉を取り除き、残った種子を種類別に分け、その中から健全な種子選び出して数える……この作業が延々と続き、データとなるまでにかなりの時間がかかります。そんなにたいへんならトラップの数を減らせば、と思っても、ある程度の数がないと、「正確に測れる」というせっかくの種子トラップの長所が発揮できないのです。

その2：種子の親がわからない

トラップ内の種子を対象に、遺伝子の分析による親子判定をすればよいのですが、それには費用もかかるし、何千、何万という種子について一つ一つの遺伝子を調べるのは非現実的です。種子トラップで測定できるのは各個体からのシードレインではなく、個体の集合体である林分からのシードレイン量だ、と見るのが妥当なのです。もちろん、それさえわかれば十分という場合も多いのですが。

要するに、種子トラップは目的に応じた使い方が肝心なのでしょう。

手作業で地道に仕分けます　　1年分のサンプルを……　　種子トラップから集めた……

豊作の条件とは

はじめに、ブナはどんなときに豊作になるかを考えてみましょう。たくさん実るためには、まず、たくさんの花が咲くことが必須条件です。しかし、たとえ花が咲いても、それが成長して一人前の果実にならなければ、「結実した」ことにはなりません。ブナの実は脂肪分に富み、高カロリーです。動物だけでなく、人間が食べても美味しい山のごちそうです。ブナの木は、それを作るだけのエネルギー(これを資源とよぶことにします)をあらかじめ準備しておく必要があるわけです。もちろん、花を咲かせるのにもかなりの資源を必要とします。

しかし、仮に資源に余裕があって花を咲かせたとしても、実が成熟する前に虫に食べられるなど加害があればすべてが水の泡です。この加害昆虫については、ブナヒメシンクイなどの蛾の幼虫がよく知られています。

つまり、ブナが豊作になるためには(A)花が大量に咲くこと、(B)花を咲かせ、さらに結実させるだけの資源をすでに備えていること、(C)開花後の成熟途上で加害する昆虫の密度が低いこと、の3つの条件がすべてそろっていることが必要です。

(A)の条件はどのようなときに生じるのでしょうか。夏にブナの枝先を見ると、すでに翌年の春に開く予定の芽ができあがりつつあります。この中に花芽が入っていれば、翌年にその枝は開花します。できあがりつつある芽は、はじめのうちは花になる可能性も葉になる可能性ももっています。そして、何らかの条件がそろうと花の基となります。このことを「花芽の分化」といいます。つまり、花芽の分化が翌年の開花のための条件です。

次に(B)の条件、すなわち資源が十分に備わっているのはどのようなときでしょうか？それは前回の開花・結実から十分に年数がたち、光合成産物などのストックが再び満タンになっているときです。少なくとも豊作の翌年は資源のストックが大幅に減っており、たとえ開花するだけの資源があったとしても、さらに結実に至る余裕はないだろう、と思います。ただし、この資源をめぐるメカニズムは実証的なデータによる裏づけがまだ不十分です。

最後に(C)の条件、すなわち加害昆虫が少ない状況はどのようなときに生じるか考えてみましょう。昆虫が少ないということは、餌が少ないということです。ブナが開花しなければ加害昆虫はそれほど増えません。逆にブナが開花すれば、餌が増えるために加害昆虫も増え始めます。しかし、ブナの花が大量に咲いても、昆虫はすぐ急激に増えるわけではありません。その増加はワンテンポ遅れます。そのため、咲いた花の大部分は無事に結実に至ります。そして、加害昆虫の増加はちを食うのは翌年に咲く花なのです。このことから、大量開花・豊作の翌年に咲く花は、増加した加害昆虫の食害を受け、結実に至る可能性が著しく下がるのです。これもまた、捕食者飽食仮説の考え方があてはまります。

つまり、ブナ自身が加害昆虫の密度を左右しているのです。

こう考えると、たくさんの花芽がつくかどうかが、豊凶予測の鍵になることがわかります。

図2

前年が凶作だった → 資源の制約がない状況

前年が凶作 → 樹上の捕食者がいない

凶作(秋) → 花芽形成(生育期間) → 凶作(秋) → 冬 → 開花(春) → 成熟(生育期間) → 結実(秋)

花芽形成を誘導する環境因子

森林シードレインの測り方❸　枝を切る

種子トラップよりももっと手軽に調べるための方法として、北海道立林業試験場の水井さんが1991年に発表した、落ちる前に種子を数える方法。

一本の木の樹冠から枝先をいくつか採取し（水井さんは5〜10本程度を採取することを推奨）、その枝の先端50センチメートルについている種子を数え、その平均値をその木の結実度とするものです。この方法なら、その場ですぐに樹木の結実度がわかります。また、私の調査では、この結実度はコナラやミズナラなど、真下に落ちる種子の落下密度（これは種子トラップで測りました）と高い相関を示したので、ある程度種子トラップの替わりになるともいえそうです。

しかし、実際に使ってみると、やはり不便な点が出てきました。

その1：高い枝をどうするか!?

枝を採取するためには、長い棒の先に軽い鎌をくくりつけて切り取ればよいのですが、大木では枝に届かないことがあります。届いても竿がぐらんぐらんと揺れて、狙った枝がなかなか切れないこともしょっちゅうです。また、森林の内側の木では、下枝が枯れ、生きている枝は頂上付近にしかついていないことがよくあります。こういう木も枝を切りにくく、難儀します。

その2：木に負担をかける！

同じ木の結実を毎年観察する場合に問題になることです。たとえずか50センチメートルでも、続けていくうちに小さい木では年々切る枝がなくなっていってしまいます。切られる観察木自体も、しだいに衰えていく危険性があります。

その3：電線が危ない！

道路沿いなどでは、調査したい木のそばに電線があり、感電の危険を考えるととても怖くて採取できず、調査を断念したことがあります。

……ということで、水井さんの方法は正確さと簡便さのバランスのとれた、非常にすぐれた方法なのですが、万能ではありません。

花芽ができる合図

それでは、どのような条件のときに、花芽は分化するのでしょうか？ おそらくはなんらかの気象条件が合図になっているのだろうと予想されます。その「気象合図」を解明すべく、ブナの研究者は日夜一生懸命、研究に取り組んできました。

「春先の低温が合図」説

ブナの開花をもたらす気象合図を日本で最初に科学的に示したのは、北海道立林業試験場の研究者諸氏です。彼らは道南の渡島(おしま)半島の5か所のブナ林で、種子トラップを用いてブナのシードレインを丹念に10年近く計測し、気象条件とのかかわりを探りました。

その結果彼らは、春先の気温と開花量でその翌年のブナ結実の豊凶を予測できることを示したのです。

彼らは自ら得たデータに基づいて、春先に日最低気温が平年よりも1〜2℃低い日が続くと翌年の花芽が形成される(らしい)こと、また、翌年の開花数がその年の20倍以上だと翌年の花が昆虫に加害される率が低くなること、の2点を導き出しました。

この理論に基づいて、道南のブナ林では結実の豊凶予測が始まりました。そして、それは80％という高い的中率となったのです。まさに大成果といえるでしょう。道南のブナ林ではこの予報に基づいてブナのシードレインが予測され、確実に天然更新するような伐採作業が試されています。ブナ林にたずさわる人々がまさに待ち望んでいた研究成果でした。

私が抱いた違和感

一方、東北のブナ林で研究していた私は、北海道のブナ林で発見されたこの理論が、そのまま東北地方にあてはまるようには見えませんでした。これは、どちらかというと研究者としての勘のようなものです。しかし、彼らの研究にはほとんどつけいるスキがありません。彼らは、野外のブナの枝を夜間にヒーターで温め、翌年の開花が実際に抑制されるかどうかまで確かめていたのです。

そこで私は自分のいだいているこの違和感を解消すべく、東北地方の18年間のタネダスデータを整理し、さらに論文やインターネットで同じ期間の北海道のブナの結実データを入手し、さ

らにアメダスの気象データを用いて、ブナが豊作になるための条件を私なりに探ってみました。

その結果見えてきたことは、どうやらブナの大量開花をもたらす気象合図は北海道と東北地方では異なるのではないか、ということでした。

「真夏の高温が合図」説

私の分析結果では、7〜8月に日最高気温が平年よりも高い日が続き、かつその年が豊作でない場合に、翌年にブナが豊作になりやすいことが明らかになりました。そして、たとえ夏が平年よりも高温ではないとしても、秋田県北部のブナは（そして北海道渡島半島のブナも）春先に平年よりも低温の期間があれば、翌年は豊作になりやすい、という結果になったのです。もちろん、豊作の前年は、結実状況が悪いことも同時に示されました。1つのモデルで、北海道のブナの豊凶も東北のブナの豊凶も、矛盾なく説明することができたのです。

森林シードレインの測り方 ❹
双眼鏡で見て数える

アメリカのコーニッグという研究者が1994年に提案した、水井さんの方法よりもっと簡単な方法。

一定時間（たとえば15秒）双眼鏡で樹冠を観察し、種子数をカウントするというものです。そんなやり方でちゃんと測れるのか？ とは思ったものの、物は試しとミズナラで調査してみたところ、この方法はなかなかすぐれたものだということがわかりました。しかしもちろん、例によって問題点も……。

その1：個人差がある！

これが最大の問題。数え慣れた人とそうでない人では、同じ木を見

表1 花芽形成をもたらした気象条件

	中央部～北部	南西部	西北部・渡島半島
1989		春の低温	
1990		☺	
1991			
1992			☺
1993		☺	
1994	夏の高温	夏の高温	
1995	☺	☺	
1996			春の低温
1997			☺
1998			
1999	夏の高温	夏の高温	夏の高温
2000	☺		
2001			春の低温
2002			☺
2003			
2004	夏の高温	夏の高温	
2005	☺	☺	
2006			

凡例:
- ピンク：夏の高温
- 水色：春の低温
- ☺：豊作

豊作の前年には，必ず夏の高温もしくは春の低温があったことがわかる。

この研究で、北海道のブナと東北のブナでは、開花につながる気象条件が異なること、そして東北地方のなかにも北海道のブナと同様に春先の低温に反応して豊作になるブナがあること、などが見えてきました。

てもカウント数が違いました。したがって、調査の前にちょっとした訓練が必要です。その実験もしてみたところ、日頃から木を見慣れている人なら、初めての場合でも、おおむね10〜20本の木のカウントをこなせば、経験者とほぼ同じカウント数を示すようになるようです。

その2：数えやすさが木によって違う！

道端に生えている木は、少し離れたところに立てば樹冠の上の方がよく見えます。一方、森林の中に生えていて、樹冠を真下から見上げるしかない木もあります。これらでは、結実の見えやすさが大きく違います。これは訓練では改善できないので、この方法の限界として受け入れるしかありません。

この方法は、精度を多少犠牲にしても、とにかくたくさんの木の結実度を調べるのに適していると言えるでしょう。

双眼鏡で種子を数える

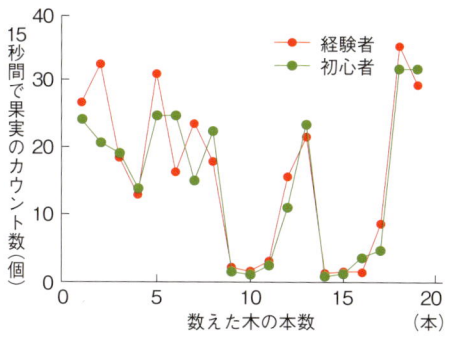

初心者と熟練者の比較。初心者と熟練者のずれははじめのうちは大きいが，次第に小さくなる

なぞ解きはなおも続く

こういったさまざまな研究により、ブナの豊凶のメカニズムについて、いろいろと解明が進んできました。しかし逆に、謎が深まった感もあります。

北海道のブナと東北のブナは、なぜ異なる気象条件を合図とするのでしょうか？ 東北地方では春先の低温というイベントが起きにくく、北海道ではとはまた違った気象合図が豊作につながっているかもしれません。たとえば、逆に真夏の高温というイベントが起こりにくいのでしょうか？それとも、もしかすると両地域のブナは遺伝的に異なっているのでしょうか？ しかしそれはブナがここ1万年で東北地方の日本海側を北進して数千年前に渡島半島に到達した、という花粉分析の結果と矛盾します。

残念ながら、これらの謎を解くことは、まだ現段階では不可能です。今後の研究によって、明らかになることが待ち望まれます。

しかし、ブナの豊作は4〜5年に一度しかめぐってきません。その少ないチャンスをいかにものにできるかによって研究の成功・不成功が決まってきます。ブナ結実の研究者はまるで、4年に一度の試合にむけてコンディションを整えていくオリンピックの選手のようですね。

ブナ豊凶の全国予報への途

このように、同じ北日本でもブナの豊作のカギを握る条件には差がありました。もしかすると、関東から四国・九州にかけて分布するブナも、北日本とはまた違った気象合図が豊作につながっているかもしれません。たとえば、西日本のある地域では気温ではなく夏の降水量がブナの豊凶を左右している、という説もあります。

タネダスの全国版は、はじまってからまだ4年しかたっていません。今年、そして来年、全国のブナ林にシードレインは降るのでしょうか、少ないのでしょうか。それは多い地域によってどれだけ違うのでしょうか……これから毎年データが積み重なることで、ブナの結実メカニズムの解明がさらに進むと考えています。タネダスのデータは誰でも自由に使えます。どうかあなたもブナの豊凶の謎解明に挑んでみてください。

そしていつの日か、ブナの豊凶の全国予報が可能になる日がくると信じて

森林シードレインの測り方 ❺
目視でエイヤッと測る

ズバリ、木を見ずに森を見る方法。つまり、目の前にあるブナ林を眺め、「よく実っている」（豊作）、「まあまあ実っている」（凶作）、「まったく実っていない」（結実なし）というように、目視で主観的に評価するもの。判定の個人差を少しでも軽減するため、おおよその判断基準は用意しておく方がよいでしょう。全国のブナの結実を調べるとしたら、ここまでのどの方法でも困難なことは容易に想像がつきます。観測地点をどんなに絞っても、たいへんな数の木の調査が必要です。コーニッグの方法でも、こなせません。

この方法では、精度は極限まで落ちますが、その分データ数を増やせます。観測地点数400か所を超えるタネダスは、この方法で調査されているのです。誰にでも簡単に素早くできる方法だから、これだけの数のデータが集まりました。

では、この方法の問題点はなんでしょう。精度が低いのは承知のうえとして、ほかにどのような欠点があるのでしょうか。それは、ある特徴を備えている種類の樹木には非常に適しても、それ以外の種類にははなはだ使いにくいということです。

その「ある特徴」とは……

その1：森林の中で結実がそろう

ブナは、ある一定の範囲内で、個体の結実がよく揃います。そのため、森林全体での結実状況を肉眼で認識しやすいのです。

定価 1,890円
税 5 %

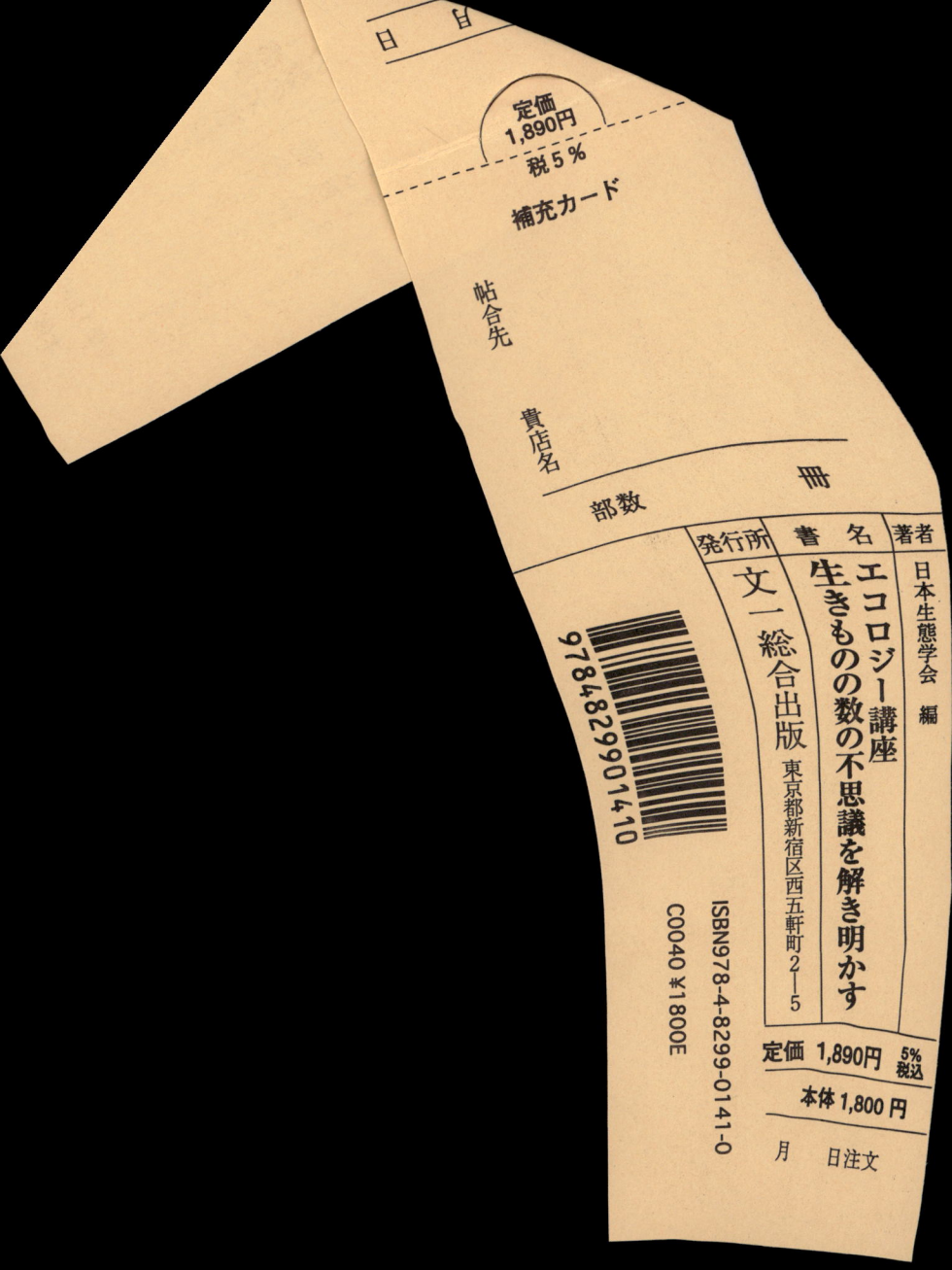

補充カード

帖合先

貴店名

部数　　　冊

発行所	書名	著者
文一総合出版　東京都新宿区西五軒町2-5	エコロジー講座　生きものの数の不思議を解き明かす	日本生態学会　編

9784829901410

ISBN978-4-8299-0141-0
C0040 ¥1800E

定価 1,890円　5%税込
本体 1,800 円

月　　日注文

定価1,890
本体

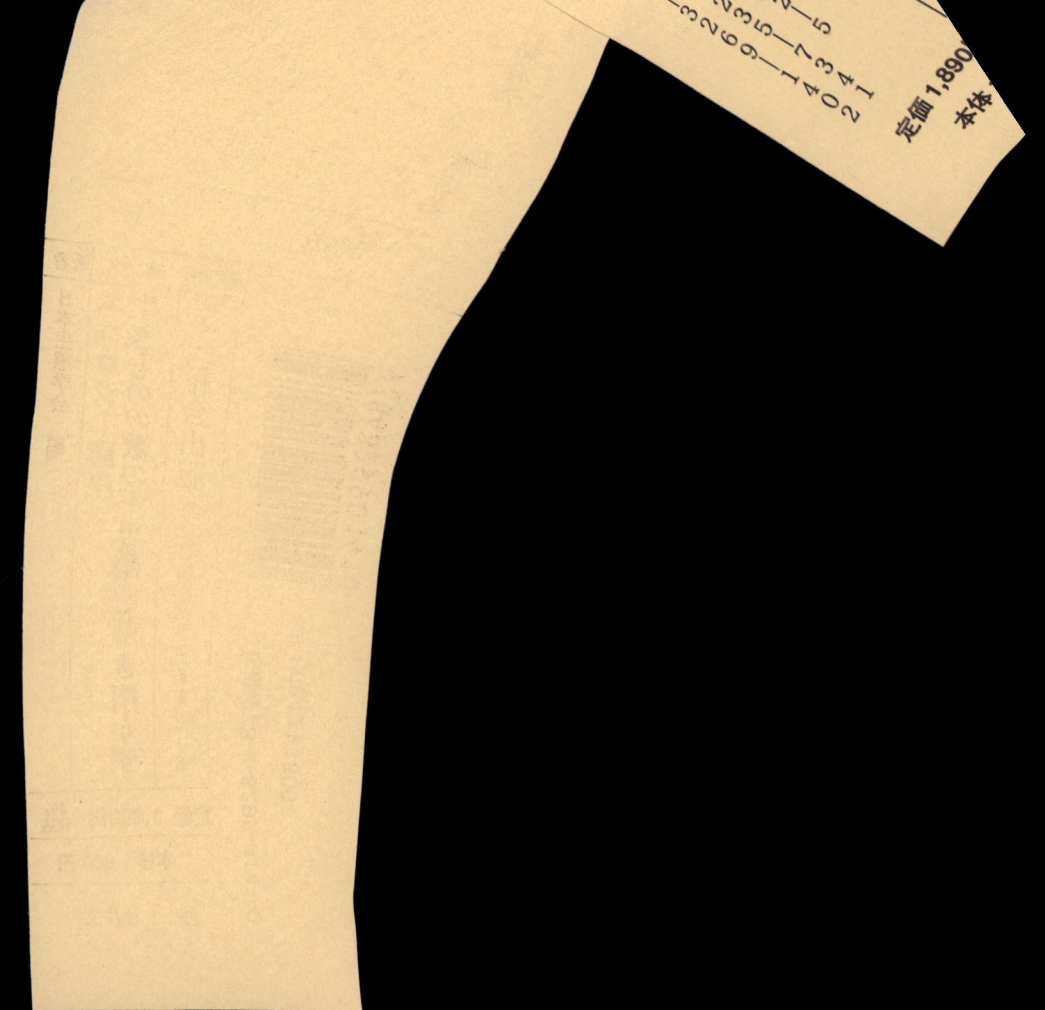

豊作の年には大量の実が林床に落ちる（撮影／柴田銃江）

います。私はその日を待ち遠しく思います。なぜなら、私もブナの実が大好物なのですから。

その2：純林を形成する

森林の中にぽつぽつとしか存在しない樹木では、その樹種の森林全体での結実を判定することは困難です。ブナは「ブナ林」とよばれるくらい、ほとんどブナだけからなる森林を形成します。そのため、パッとみて結実度を判定できる利点があるのです。「タネダスはブナだからこそできた」とさえ言えるでしょう。

これらの性質を備えていない樹木は、目視による林分レベルでの結実判定に向きません。私の経験では、ミズナラが非常にやりにくいと思います。原生林で純林をつくることがほとんどなく、個体間の結実の同調性もブナに比べるとかなり低いからです。

さて、この方法の精度ですが、実は絶望的に低いというわけでもありません。ブナ林での調査結果では、目視による判定と種子トラップによるシードレインの計測結果は、よく相関していたのです。ブナのように、目視判定に適した樹種であれば、信頼に足るデータが得られると思います。

クマとブナの微妙な関係

独立行政法人森林総合研究所野生動物研究領域チーム長 ● 岡 輝樹

著者略歴
おか てるき
独立行政法人森林総合研究所野生動物研究領域チーム長（野生動物管理担当）。クマの研究を始めたきっかけは2001年の東北地方での大量出没。専門は行動生態学だが、分野や対象種にとらわれない柔軟な発想を心がけている。

人里にあらわれ、人に危害を加えたり農作物を荒らしたりするツキノワグマは、
多いときには年間1000頭も駆除されています。
生物多様性の保全が求められているにもかかわらず、
これほど大量の大型哺乳類が駆除の対象になっているのです。
本来森林にすむ野生動物であるクマが、なぜ人里にやってくるのでしょう。
それを解明し、人とクマの共存をめざす研究の成果を紹介します。

クマが里にやってくる
――数年ごとの大量出没

2006年、東日本地方を中心に各地でツキノワグマ（以下クマ）が人里近くに出没し、大きな社会問題となりました。ニュースは連日のように農作物被害の発生を伝え、人身被害者数も140人に達しました。青森県では3000個、兵庫県ではなんと1万個ものリンゴが被害にあったといいます。秋田では空港滑走路を走り、山梨では旅館に侵入し、岩手では農機具小屋に籠城しました。

しかし、この年が特別だったわけではありません。クマが人里域に大量に出没する年はこれまでにもあり、日本のどこかで数年に一度起こっています（図1）。例えば2001年には、東北地方で人身被害、農作物被害が相次ぎ、青森県では過去10年間の平均の約3倍、岩手県では5倍、秋田県では実に8倍のクマが有害駆除され、北東北3県で捕殺されたクマの数は約550頭に達しました。人身被害は岩手県だけでも22件を記録しました。また、2004年秋には、北陸地方を中心に出没が相次ぎ、石川、富山、福井県で

有害捕獲されたクマは500頭を超え、それまでの平均の6倍以上に達しました。この年、人身被害は3県で44件を数えています。マスコミはこぞってクマ出没問題を取りあげ、その原因についてさまざまな憶説が飛び交いました。山の実のなりが不作であるために始まり、相次ぐ台風の上陸がドングリの木の枝を落としたからだ、ナラの木の集団枯損が影響したにちがいない、いやそもそもの根源は人間が彼らの生息地を破壊してしまったからだ……。どの説が正しいのかは別にして、これほどまでに全国的な騒動となったことはありませんでした。

そして2006年、史上最悪規模の大量出没を迎えるのです。クマが他の野生動物――シカ、サル、カモシカ、イノシシなど――と大きく異なる点は、人身被害をも引き起こしてしまうことがあるということでしょう。クマは積極的に人間を襲うことはありませんが、彼らの強い力と長い爪は潜在的に十分な殺傷能力を持っています。突然人に出合ったことに驚いたクマの爪が凶器と化すのは当然のなりゆきといえるでしょう。しかし、ひとたび人身被害が発生すると、その地域に暮らす

生きものの数の不思議を解き明かす **クマとブナの微妙な関係**

図1　クマによる人身被害者数
（1979～2001年度、岩手県自然保護課）

■ クマに襲われて亡くなった人の数

大量出没のあった2006年以前にも、クマが人里にあらわれることはあったのだが……

林道にあらわれたクマ

捕獲されたクマ（撮影／岡輝樹）

ドラム缶わなに入ったクマ（撮影／岡輝樹）

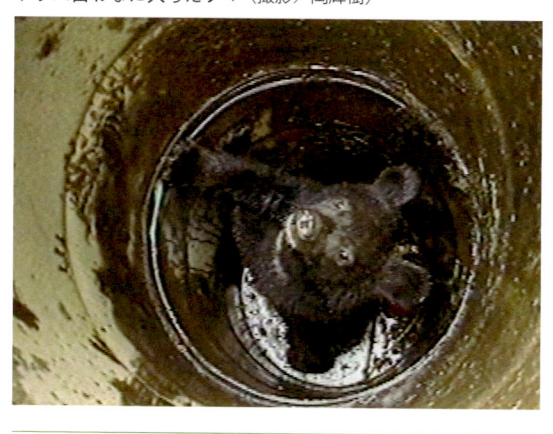

駆除されるクマ
——大量に殺される野生動物

人々の気持ちは「クマは駆除するべきだ、クマなんかいらない」となってしまいます。

農作物被害、人身被害を引き起こしたクマは、ワナで捕獲され、「駆除」されることで収拾が図られているのが現状です。2006年に駆除されたクマの数は全国（北海道を除く）で4000頭を上回りました。このような大量出没の年でなくても、多いときには年間1000頭以上が捕殺されています。クマは、全国でおよそ1万5000頭といわれていますが、この数値が本当ならば、その4分の1に近い数が駆除される年もあるということです。これは、この種が将来も生き残っていけるかどうかを考えたとき、あまりにも悲惨な数値です。捕殺による解決という図式は変えることができないのでしょうか。それにはまず、クマの大量出没がなぜ起きるのかを解明する必要があるでしょう。

クマは大食漢
—— たくさん食べないと生きられない

クマは、ライオンやトラ、イヌ、ネコなどの食肉目（ネコ目）というグループに分類されます。これらのうち、クマ以外の動物はいかに獲物を捕らえるかを求めて狩りの手法や形態を進化させてきました。

一方、クマは肉食であることにこだわりませんでした。草本から木本にいたる種々多様な植物の葉や茎、花、中でも堅果（ドングリなど）や漿果（キイチゴなど）などの果実を好んで採食するようになったのです。他の哺乳動物を襲って食べるということはまずありません。

植物を食べる動物（草食動物）はふつう、ウシの反芻胃やウサギにみられる発達した盲腸のように、細菌など微生物の力を借りて植物を消化するための特別な器官を持っています。しかし、クマの消化器官は祖先から引き継いだ肉食動物のままであり、植物を消化して栄養として利用する能力はあまり高いとは言えません。そのため、クマが植物性の食物によってその大きな体を維持するためには、大量に取り入れなければならないのです。

さらにかれらは、食物が最も乏しくなる冬には、食べものを探し回ることより一か所にとどまること——つまり冬ごもり——を選びました。見つけられる可能性の低い食べものを探すことにエネルギーを使うより、文字通り息をひそめてエネルギーを温存してなんとか生きながらえ、食べものを得られる季節を待つことにしたのです。これは究極の選択でしょう。

東北地方に生息するクマの冬ごもりは11月後半から5月下旬頃まで半年間にも及びます。じっと動かずにいるとはいえ、この長い期間を耐え抜くだけのエネルギーを体にためこむには、ふだんに増して大量の食べものを取り入れる必要があるはずです。クマは本来警戒心が強く、臆病な動物といわれていますが、食物を目前にすると持ち前の警戒心は負けてしまうのもよくわかります。

クマは大量の食べ物を必要とする（イラスト／柏木牧子）

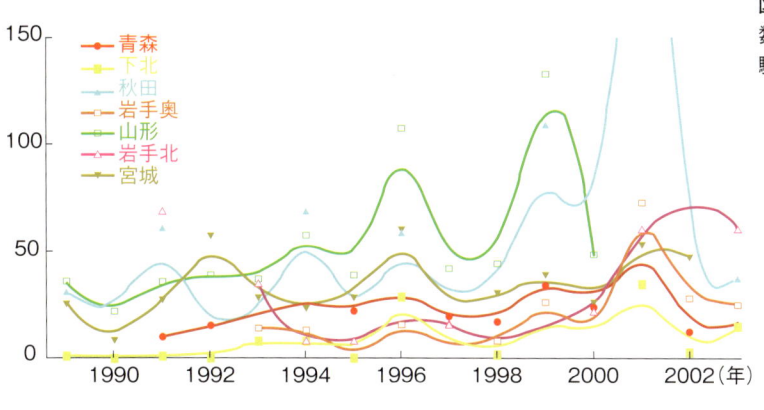

生きものの数の不思議を解き明かす クマとブナの微妙な関係

図2　東北地方5県における有害駆除数の変動
駆除数は年により大きく変動している

なぜ人里に？
――そこにえさがあるから

出没が相次ぐたびに人慣れしたクマの行動が話題になります。「昔のクマは違った。今のクマは人がいても逃げる素振りすら見せない」。クマに慣れている人たちはそう言います。確かに、人里に惹きつけられ、人に慣れてしまったクマが増えていることには間違いないでしょう。でも、それはある意味では当然のことなのかもしれません。今の日本では、人の活動域ではないところを探す方が難しいほど、「人のいるところ」は広がっているのです。オスでは400平方キロメートルを超える行動圏を持つことがあるというクマにとって、人のいるところ、また人里に入り込んでしまうことは決して稀なことではなくなります。

そうして入り込んだ人里は、彼らにとってとても魅力的な場所でした。なにしろ、畑には労せずして手に入れられる栄養豊富な農作物があります。もちろん、そこが「畑」という場所で、作物は人間が手をかけてつくっているものだということは、クマにはわかりません。また、不適切に処理され

たゴミもあります。クマにとって人里は、楽に手に入れられる食べものがたくさんある場所なのです。さらに、周辺に残された昔の薪炭林の成長などもクマを引き寄せる一因となっているとも言われています。人里はクマを惹きつけて放さないのです。

本当に「里グマ」が問題なのだろうか？
――なぜ毎年ではないのか

こうした「里グマ」が増えたことが大量出没の原因なら、それは毎年問題になるはずです。しかし実際には、大量出没が起こるのは、地域ごとに見れば何年かおきです。だとしたら、大量出没は里慣れしたクマが引き起こしているわけではないのではないでしょうか。

山での経験が豊富な人々の間では昔から「山が不作の年にはクマが里に出る」と言われてきました。それが本当なら、大量出没して捕殺されるクマのほとんどは「里グマ」ではなく山から下りてきたクマなのかもしれません。研究者たちは、クマの秋の重要な食物であるドングリ類の豊凶に関係がありそうだとにらんでいました。しかし、それを長期的に、そして多くの地域で調べてクマの大量出没との関係を知ろうとした研究者はこれまでいなかったのです。

写真2　熊のえさになるコナラのどんぐり（撮影／島田卓哉）

35

ドングリ類の実なりとクマ出没
——「タネダス」の成果を活かす

さて、森林総合研究所東北支所育林技術グループは、ブナの豊凶の周期性、地域間の同調性を探るため、東北森林管理局の協力を得て、福島県を除く東北地方におけるブナの実の豊凶データ（最大343地点）を、1989年以来収集・解析しつつあります（18ページ参照）。

ブナの実は、クマにとっては重要な食物です。もちろんブナの実だけを食べているわけではないのですが、クマ出没との関係を調べてみる価値が大いにありそうです。

まず、クマの生息域と保護行政区分を考慮して、東北地方を青森下北・青森南部・秋田・岩手奥羽山系・岩手北上山系・山形・宮城の7地域に分けました。そして、豊作・並作・凶作・無結実の4段階で記録されてきたブナの豊凶データを用いて、地域ごとのブナ凶作指数（凶作または無結実と記録された地点の割合）を求めました。

クマをどうやって数えるか

「人里に出てきたクマ」をどのように数えればよいでしょう。クマにあまり遭遇することがない地域では、目撃情報は警察へ通報され、その件数が記録、集計されています。しかし、こうした目撃情報は、報告の場所や時間から同じ個体であると考えられる場合が考慮されてはいますが、重複は避けられません。それに、クマの出没に慣れている地域では目撃のたびに通報することはないため、実際の目撃数と報告された目撃情報の間に差が出てしまい、「人里に出てきたクマの数」とするにはあいまいさが大きすぎます。新聞記事の掲載件数も同じような問題があり、科学的な解析に使用するのには不向きです。

一方、農作物被害や人身被害の発生、あるいはそのおそれがある場合は、府県あるいは市町村に申請、許可を受けたうえでわなの設置、捕獲、駆除が行われます。その結果は、駆除理由とともに府県がとりまとめます。こうした有害駆除は農地、人家周辺で行われるものであるという性格上、駆除数はクマがどれだけ人里域に出没するのかを示す良い指標となりそうです。

ここで紹介する解析では、この有害駆除により捕獲されたクマの数を「人里に出てきたクマの数」として採用しました。

（イラスト／柏木牧子）

36

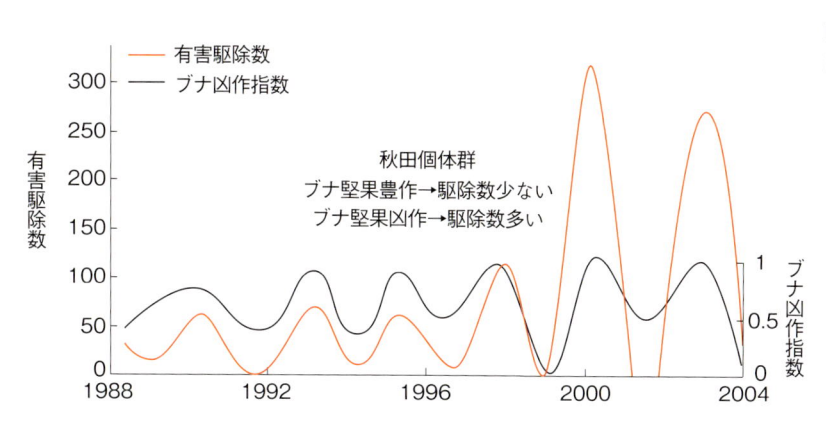

生きものの数の不思議を解き明かす **クマとブナの微妙な関係**

図3 クマの有害駆除数とブナの凶作指数（秋田県）

ブナの豊凶データが掲載されている「タネダス」のホームページ

結実しているブナ（撮影／鈴木まほろ）

ブナの豊凶とクマの出没に関係がある？

秋田県における有害駆除数とブナ凶作指数の変化を見てみましょう（図3）。この2つの変化の「山」の部分、「谷」の部分が一致するならば、両者が同調して変化していることを示します。

その結果、東北地方ではブナの豊凶程度とクマ出没に何らかの関係がありそうで――少なくとも秋田県のクマ出没はその年のブナの豊凶に関係しているように見える――、豊作ならば出没数は少なく、凶作ならば多いという傾向にある、ということがわかりました。地域によって大きなばらつきはありましたが、ほぼどの地域でも、ブナが大豊作から大凶作に陥ったときにはクマの出没が急増していたのです。

37

図4 奥羽山系有害駆除個体数

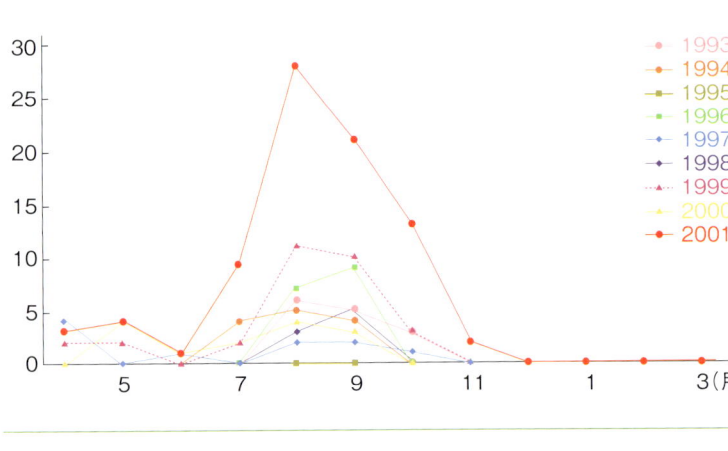

結果を疑ってみる
――原因より前に結果があらわれる？

凶を予測して人里にあらわれているように見えます。

ブナの実が凶作の年にクマの出没が増えるとしたら、やはりクマは山の食物が乏しいために里にあらわれている、と考えたくなります。

しかしここに、何か変では？と思わせるデータがあります。それは、有害駆除で捕獲されたクマの数を月別に集計したグラフです（図4）。

グラフを見ると、有害駆除数は7月頃から増加し始め、8〜9月にピークを迎えています。東北地方のほかの地域のデータでも、この傾向は同じでした。

ブナの実が凶作だとクマが里にあらわれるのだとしたら、これはかなり不自然です。なぜなら、ブナの実が食べられるようになるのは10〜11月で、有害駆除数が増える8〜9月よりあとです。だとしたら、「原因」と思われるブナの実の豊凶よりも先に「結果」としての人里域出没があることになってしまい、「ブナの実が少ないから出没個体が増える」という説明がうまくいかないのです。まるでクマがブナの豊

思いこみによる間違い
――偽相関

凶を予測して人里にあらわれているような気がしてしまいます。これは「偽相関」と呼ばれます。両方に働きかける共通する要因、この狩猟者と清酒消費量に共通して影響を与えているものを無視してしまったことによって起こる間違いです。

これほど極端ではないにしても、科学者といえども思いこみによってあらぬ結論を導き出してしまうことがあります。ブナの豊凶とクマの出没について、実は豊凶に影響する気温や降水量などの環境要因が、クマが夏に食べる食物（ウワミズザクラやキイチゴなど）の量に大きく影響し、それが不足しているためにクマが人里にやってきていることを示しているのかもしれないのです。もしそうだとしたら、ブナの豊凶は直接の原因とは言えなくなります。こうしたことは、常に念頭に置いておかなければなりません。

図5は、全国の狩猟者数（大日本猟友会会員数、同会まとめ）と清酒消費量（国税庁まとめ）の変化を示したものです。この2つの変化は、とてもよく似ています。だからといって、このグラフだけから「狩猟者は日本酒が大好きだということがわかった」と話をしたり、「狩猟者不足を解消するためには日本酒をもっと消費しなければならない」と呼びかけたりしても、誰も信じないでしょう。

狩猟者数は狩猟を生活の糧として暮らしている人々の減少や若い世代の意識の変化等から減少の一途を辿っています。清酒消費量も、酒類の多様化、若年層での清酒離れから年々減少しています。これらを一つのグラフに載せると、あたかも清酒消費量で狩猟者数

ブナとクマは無関係？
――偶然では考えにくい

ブナの豊凶とクマ出没の関係は、偽相関なのでしょうか。しかしそれに

2つのことがらに、本当は何の関係もないにもかかわらず、あたかも直接関係しているように見えてしまう、ということがあります。

駆除で捕獲されたクマの数を月別に集計したグラフです（図4）。

た。

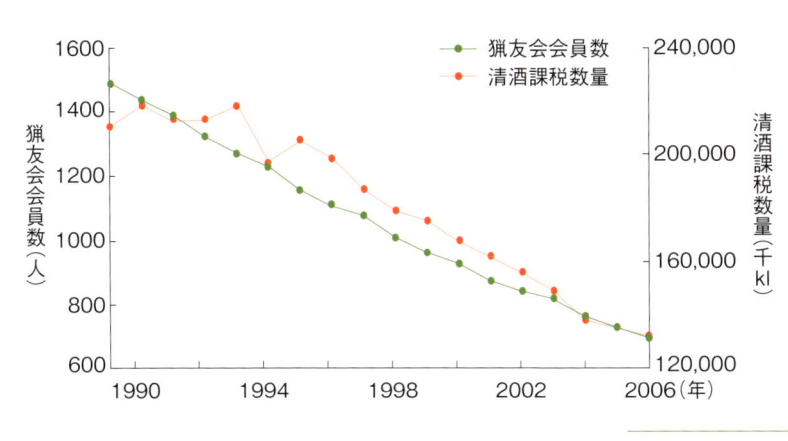

生きものの数の不思議を解き明かす **クマとブナの微妙な関係**

図5　狩猟者数と清酒消費量の変化

図6　ブナの花（撮影／鈴木まほろ）

ブナの花が少ないと、クマは不安に感じるかも……
（イラスト／柏木牧子）

ては、両者の関係は長きにわたって同じように変化しているし、東北地方全域で同じような傾向も見られ、単なる偶然とは考えにくいところもあります。

この関係が偽相関ではないとしたら、こういうことも考えられます。クマの人里への出没はブナの凶作に影響を受けていることは確かなのだが、そのの行動を引き起こす真の引き金はブナの実ではなく「花」の方なのかもしれない、というものです。

実際、ある年の秋にどのくらいブナの実がなるかは、その年の初夏にどれだけ花が咲いたかということと密接な関係を持っているという報告があります。つまり、花がたくさん咲けばたくさんの実がつくというわけです。またクマの胃内容物からはブナの花の花粉や断片が見つかっています。クマは、初夏にブナの花を十分に食べることができなければ、どうも不安に感じて広い範囲を動き回り始めるのかもしれないということも考えられるのです。

開花量であれば、結実量ではなく因果関係の時間的な逆転が見えず、あえて疑問に思わなかったかもしれません。ただし、もしそうであったとしても直接的な因果関係を証明したことにはなりません。

ともあれ、ブナの花が咲く初夏は、クマが冬眠から目覚めて間もない頃にあたります。もしかするとクマの一生は「今年の冬はいかに越冬するか」を中心に回っていて、眠っている間もブナの豊作を夢見ているのかもしれません。

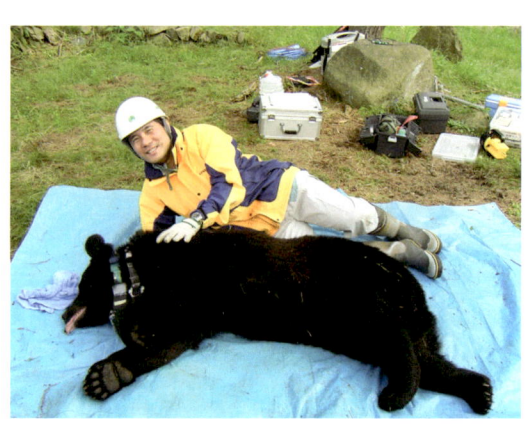

図6 クマと人間の大きさ比べ
横の人の身長は170 cm。ツキノワグマもかなり大きいことがわかる。この個体はオスで、体重は100 kgを超えていた。比較的大きな個体といえる。

人里への出没を予測する
——警報システムをつくる

はっきりした因果関係はわかっていませんが、豊凶と出没増減が長期に渡って同じように変動していることがまったくの偶然であるとは考えられないこと、そして東北地方のほとんどの地域で同じような傾向が見られたことから、この地方ではブナの豊凶が「クマ出没の目安」となりうるというのは確かでしょう。この結果は、ブナの豊凶が予測できればツキノワグマによる農地、人里域への出没頻度の増減がある程度予測可能であることを示しています。これをもとに「警報システム」を構築し、人身被害の軽減に活かすことはできないでしょうか。

ブナは大豊作の翌年に必ず大凶作になると言われます。そしてこのとき、クマ出没数は大幅に増加するでしょう。大豊作の年を見つけることができれば、まさにその翌年がツキノワグマの人里域出没を警戒するべき年ということになるのです。

実は、2006年の大量出没は予測されていました。2001年の大量出没以降、岩手・秋田両県は県内でブナの豊凶調査を実施してきており、その結果と東北森林管理局による国有林における調査結果を合わせて2005年秋に全域でブナが大豊作となったことを確認しました。ブナは大量に実をつけた翌年にはほとんど実をつけることはありません。そこで、2006年に大凶作が予測されること、これにともなってクマの大量出没が起こりうることが予測できたのです。これを保護管理検討委員会に諮り、多くのクマがまだ冬ごもりから目覚めていない同年3月に、来る夏のクマ出没に関する注意報を発令して各機関を通じて県民への周知を図りました。そこでは、人里域に例年よりも多くのクマが出没する危険があること、また子連れのクマが頻繁に目撃されるであろうことを予測し、とりわけ人里域周辺での突発的な出合いから起こりうる人身被害を少しでも減らすことができるようにいくつかの対策を提案しました。

予測は的中し、これまでにないほどのクマが人里に出没しました。しかし、前回の大量出没時（2001年）に比べて人身被害件数を大幅に減らすことができたのです。人身被害は確かに私たち人間の努力によって限りなくゼロに近づけることが可能だということが確認できました。

KumaDAS
——クマダス

予防策の一つとして堅果類の豊凶をモニタリングしてクマの出没を予測しようというこうした試みを、私たちは地域気象観測システム『AMeDAS』にならって『KumaDAS（クマダス）』と呼んでいます。クマ予報というわけです。

KumaDASにより、これまで被害発生を受けての追い払い、ワナ設置、捕獲、そして駆除という対症療法に頼っていたクマ対策も、間違いなく一歩前進するでしょう。

はじめに紹介した北陸地方を中心にした2004年の騒ぎをきっかけに、被害が大きかった各県では有害駆除個体に関する情報収集体制を整える一方、今後の予防策の一つとして「山の実なり」の豊凶をモニタリングしようという試みも始まりました。現在いくつかの県がそのモニタリング結果に基づいて出没予測を行っています。

生きものの数の不思議を解き明かす **クマとブナの微妙な関係**

人間の努力でクマ被害は減られるはず！（イラスト／柏木牧子）

クマ警報が出たら……

クマに出会ったらどうすればよいのですか、とよく尋ねられます。が、最も大切なことは「クマに出会わないように努力する」ことです。実はこれはクマ警報の有無にかかわりません。また、私たちが理解しなければならないことは、クマが十分な殺傷能力を持っているということです。

警報が出たときは、人里でも十分に遭遇する機会がある、山の中を歩いているようなものだ、と考えることが大事でしょう。「なぜこんなところに？」と思うような場所で出合うことがあるかもしれません。音が出るものを身につける、何かに熱中してしまわないで時々周囲の様子に注意を払う、複数でお互いの位置を確認しながら行動するなど、クマと遭遇しない、クマの存在にできるだけ早く気づくための努力がとても重要です。たとえば、イヌが警戒しているなど、いつもと様子が異なるときは十分に気をつけましょう。

それでも出会ってしまったとき、大声を上げたり走って逃げたりするのはとても危険です。クマの方をじっと見ながら少しずつ後退してください。このとき、立木や大きな岩などをクマとの間に入れるようにすると突進してくるのを避けることができます。

攻撃を避けられない事態では、地面にうつ伏せになり、組んだ両手で首の後ろを守るしかありません。近距離で出会うほど、対処方法は限られて来ます。

人身被害の発生は、クマにとっても「駆除」という不幸な結果を招きます。クマがいる豊かな森を味わえること。この幸せを、私達は将来に残していかなければなりません。

音の出るものを身につけ、クマに出会わない工夫をしよう（イラスト／柏木牧子）

(イラスト／柏木牧子)

クマに県境はない
— 大量出没パターンが似ている

 しかし、そもそも東北地方以外の地域でも「山の実なり」がクマの出没にかかわっているのでしょうか。最も重要な課題は、予測するためにはそれを裏付ける過去のデータの蓄積が不可欠ということです。充分な過去の情報の蓄積がないままの出没予測は難しく、また予測の間違いにも対処できません。予測が外れることもあり、事前に行われた警告に間違いがあった場合、その後その警告に対する信頼性は下がってしまいます。誤報による悪影響——いわゆる「オオカミ少年」状態——は避けなければなりません。豊凶モニタリングによって結果を得るまでには十数年を要します。これだけ長期にわたって継続調査を始めようとするならば、モニタリングする意味がありそうかどうか、確認しておく必要があるでしょう。
 しかし、残念ながら東北以外の地域でクマの出没と山の実なりの関係を広域的、長期的に調べた例はほとんどありません。ただ、東北地方におけるクマの有害駆除数の推移を見ると、興味深いことに気がつきます。それは、出没が増えたり減ったりするパターンが各県とも非常によく似ており、大量出没に県境がないということです。これは、ブナの豊凶が広い範囲で同じように変動していることに関係があるのかもしれません。
 全国23府県を対象に捕獲数の年次推移を調べ、人里への出没の多少を示す有害駆除数の変動パターンが、近隣の府県でどの程度似ているかを調べてみました。すると、複数の県にまたがる広い範囲で同じように変動していることがわかりました。例えば福島県の変動パターンは栃木県や宮城県の変動と非常によく似ており、新潟と群馬の変動パターンもよく似ています。また、変動パターンは富山—新潟間で西日本型、東日本型に大きく二分されることもわかりました。一方で林業被害軽減のための捕獲を行っている岐阜県、静岡県等におけるパターンはまったく独特なものとなりました。多くの地方において、県レベルを超えた「何か」が出没要因としてはたらいていることは確かなようです。このような傾向が見られるのは、クマの餌として重要なブナの実やドングリなどの豊凶の年変動が大きく、かつ、その変動が県をまたがる広い地域で同調して起こっている

全国の傾向を調べる
— 出没要因はきっとある

ということは、もしクマの出没がブナのような山の実なりの豊凶に関連して起こるものであるなら、出没の変動パターンも近隣の県で似たものとなるはずです。有害駆除されたクマの数は、環境省によって鳥獣関係統計としてまとめられていますからこれを使わない手はないでしょう。しかし、この基礎資料では、何のための捕獲であったのかがわかりません。実はクマの場合、地方によっては春に山中で予察駆除が行われていたり、林業被害軽減のために森林内で捕獲されているものがあったり、イノシシ捕獲用のワナで錯誤捕獲されることがあったりするため、これらをまとめて有害駆除として計上してある数値を人里への出没を表すものとして利用するときには注意が必要なのです。そこで、あいまいな点がある場合は各府県に確認をしてから利用することにしました。

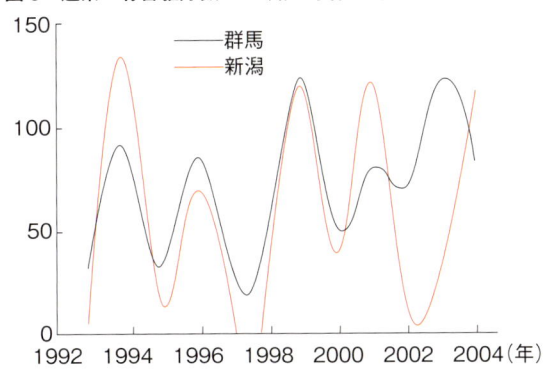

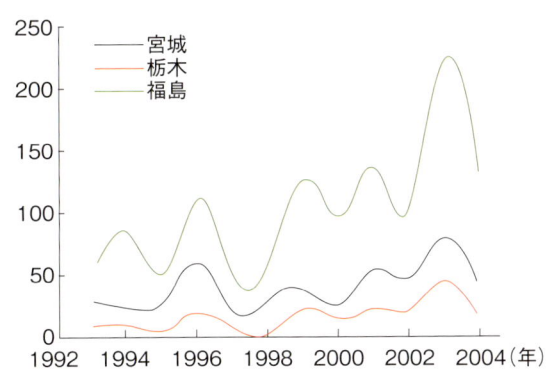

図6　近県の有害駆除数はよく似た変化を示す

人里へのクマ出没の目安になる有害駆除数の変動には、近隣の府県で似た傾向になることがわかった。出没に関係する何らかの要因があることが予想できる。

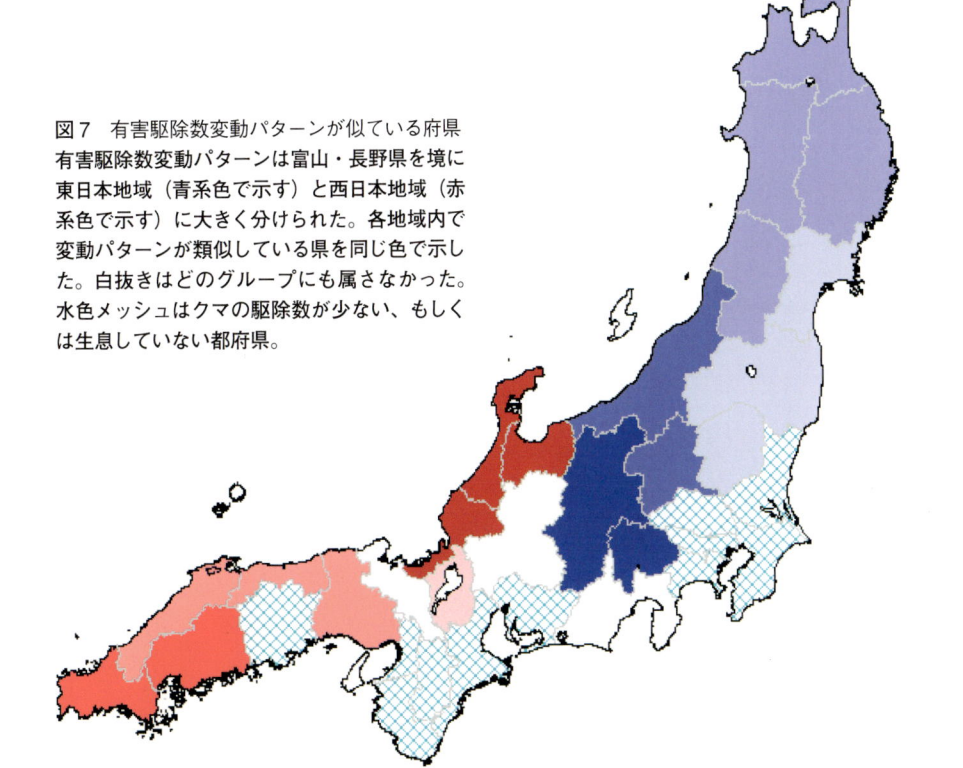

図7　有害駆除数変動パターンが似ている府県
有害駆除数変動パターンは富山・長野県を境に東日本地域（青系色で示す）と西日本地域（赤系色で示す）に大きく分けられた。各地域内で変動パターンが類似している県を同じ色で示した。白抜きはどのグループにも属さなかった。水色メッシュはクマの駆除数が少ない、もしくは生息していない都府県。

ことと関係があるのではないかと考えることができます。クマダスのための豊凶モニタリングを継続する意義は十分にあるでしょう。

サルナシ（撮影／鈴木まほろ）

ミズナラ（撮影／正木隆）

ヤマブドウ（撮影／鈴木まほろ）

どんな実なりを調べればよいか
——ドングリ類に注目！

ここまでに紹介してきたことを踏まえ、山の実なりの豊凶をモニタリングすることによってクマの出没を予測する手段を考えてみましょう。

この方法が有効ということは、それぞれの地域において出没頻度が山の実なりによっておおよそ説明できるということです。では、そもそも「山の実なり」とは何なのでしょうか。ブナ、ミズナラ、サクラ、コナラ、キイチゴ、クリ、クルミ等の堅果類、サルナシ、ヤマブドウ、マタタビといった漿果類をまず候補として挙げることができるでしょう。しかしクマの食物はこのように多彩で、調査対象を十分に絞ることができません。とりあえずは考えられるものすべて調べてみるか、とモニタリングを始めてしまうとおそらく息切れするでしょう。出没予測のためには、広域モニタリングを長期にわたって続けられなければ意味がありません。

多くの種類の果実をモニタリングしたときの問題点がもうひとつあります。

それは、結果の解釈が非常に困難であるということです。たとえば、種Aが豊作、種Bが凶作という調査結果をどう解釈すればよいのでしょうか。クマが種Bの果実の豊凶に大きく依存しているのであれば、たとえ種Aが豊作であっても出没は増加すると考えられます。さらに、クマの場合、ある種の果実がたくさんあるときとそれがないときでは、他の種に対する依存度が異なるという報告もあります。

上に挙げたすべての果実が出没にかかわっているわけでは決してないでしょう。出没予測における「山の実なり」の条件は、その実の不作がその地域に生息するクマの行動を左右するほど多量に生産される、あるいはクマにとって非常に魅力があるものはずです。さらに、出没に年変動があること、その変動パターンが近隣県で似ていることから、結実量が大きく年変動し、豊凶が広域的に同調する性質を持った食物ということになります。ここまで来れば、候補はかなり限られてきます。おそらくはドングリのなかま、すなわち堅果類であり、中でもまず、ブナ、ミズナラに注目すべきでしょう。

では、これらの実なりをどのように

44

写真7　クマの餌になる山の果実

アキグミ（撮影／正木隆）

ガマズミ（撮影／正木隆）

クロイチゴ（撮影／正木隆）

クワ（撮影／鈴木まほろ）

で大きな障害となります。野生動物が存在する以上、かれらによる農林業被害を完全になくすことは不可能ですが、人身被害は私たち人間の努力によって限りなくゼロに近づけることが可能でしょう。大量出没を予測することは人身被害の軽減に活かすことができるはずです。

KumaDASは、これまでずっと対症療法で行われてきたクマ対策に一石を投じたといえるでしょう。これは、現段階では、大量出没時に人身被害を減らすことを目的としたものです。農作物被害の軽減にこれらを活かすにはまだ時間がかかるでしょう。

しかし、農作物被害を軽減するための努力は大量出没時に限って行われるべきものではありません。逆に、山の実なりが豊作であるにもかかわらず被害が起こっているときこそ、被害軽減のための取り組みを推進すべきではないでしょうか。なぜならそこには、クマを誘引している要因が必ず見えるはずなのですから。

調べればよいのでしょう。シードトラップを設置し、結実した堅果を集めることで、より科学的に数値化する方法もあります。しかし保護管理計画を実施している県単位で出没予測をしようとすれば、その県内の堅果類のなり具合をより反映したものとなるよう、できるだけ多くの箇所から情報を収集する必要があります。設置や回収の経費、労力を考えるとなかなか実現しないでしょう。

森林総合研究所が東北地方で行ってきた豊凶調査は目視という一見曖昧な手法を採用していますが、十分に広範囲からの情報をまとめたものであり、有効なモニタリング方法とは何かを示唆してくれます。

農作物被害軽減に向けて

大量出没が予測できれば、あらかじめ対策を練ることも可能です。事件が起こってから解決策を探すという対症療法的なものばかりであったこれまでの野生動物被害対策が一歩前進するにちがいありません。

クマの場合、特に人身被害の発生がこの種を適切に保護管理していくうえ

素数ゼミの秘密

静岡大学 ● 吉村 仁

著者略歴
よしむら じん
静岡大学創造科学技術大学院教授。千葉大学、ニューヨーク州立大学教授を兼任。数理生態学が専攻で、進化理論を研究している。セミのほかにも、さまざまな動物の行動を進化的な数理モデルで解析し、多くの研究論文を発表している。

数の性質が生きものの性質に影響を与える……なんて考えられますか？
北アメリカには、17年と13年おきに大発生をくり返す
「周期ゼミ」と呼ばれるセミが分布しています。
17と13の共通点——それはどちらも素数だということ。
素数とは、1とその数自身でしか割り切れない数。
そんな素数の性質が、周期ゼミの進化をもたらしたと考えられる理由を紹介します。

アメリカのユニークなセミ

アメリカには、17年あるいは13年に一度大発生するとてもユニークなセミがいます。英語では「periodical cicada」、訳すと「周期ゼミ」というのです。私は、1997年に「American Naturalist」という生物学の専門誌にこの周期ゼミの進化の起源についての仮説を発表しました。そして、2005年に『素数ゼミの謎』（文藝春秋）として、子供向けの科学書を出版しました。というのは、この周期ゼミの発生周期の17年と13年は、素数だからです。いまでは、私の本の題名から、一般には周期ゼミのことを「素数ゼミ」と呼ぶことが広まってしまい、周期ゼミという正当な名前より有名になってしまいました。ここでも、私の使った名前なので「素数ゼミ」を用いることにします。この章の話は、その続編『17年と13年だけ大発生？ 素数ゼミの秘密に迫る！』（サイエンス・アイ新書、ソフトバンク・クリエイティブ）をもとにしています。もっと詳しく知りたい方はこの本を参照してください。

昆虫界の変人

素数ゼミは、アメリカ合衆国の東部から中西部、南部に広く点々と分布しています（図1）。分布自体は広いのですが、発生地点はとても限定的で、狭いところでは、ある小さな林だけで、そのとなりの林はまったくいないというような、局地的な分布をしています。そして、13年、17年のサイクルで、発生地の森林で大発生します。これ以外の周期は知られていません。発生は5月下旬から6月下旬でだいたい3〜4週間です。このように決まった周期を持っているセミは、この素数ゼミ以外はまったく知られていません。

日本のセミも、卵から成虫になるまでアブラゼミで7年かかるといわれています。しかしこれは、成虫になるまでに「約7年かかる」ということであって、温暖化した今では、4〜5年で成虫になっているかもしれません。つまり、生活史（生涯のサイクル）を全うするには7年くらいかかるということなのですが、それはあくまでも成長に要する期間の目安であって、周期ではないのです。アブラゼミは毎年発生していて、7年に一度大発生するわけではありません。ところが素数ゼミは、

46

生きものの数の不思議を解き明かす 素数ゼミの秘密

図1 素数ゼミがすんでいるところ

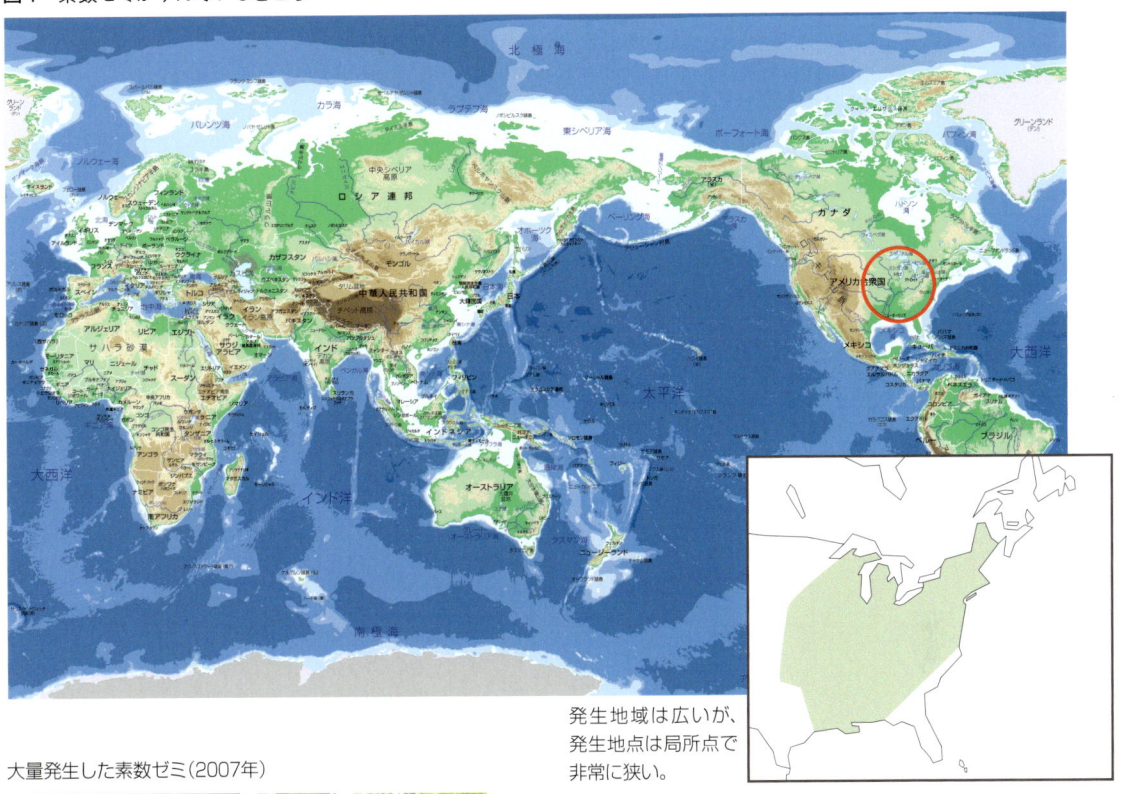

発生地域は広いが、発生地点は局所点で非常に狭い。

大量発生した素数ゼミ（2007年）

（撮影／吉村仁）

大発生地の林では木にびっしりとセミがしがみついている

同じ場所では、17年または13年という周期でみんながそろって発生しているのです。こんなセミがいるのは、世界でもアメリカだけです。

この奇妙なセミの存在は、コロンブスの新大陸発見後まもなくヨーロッパにも伝わり、リンネにより記載されています。また、ダーウィンの書簡にもその記載があるそうです。

このセミの周期の問題は、多くの生物学者や数学者を悩ませました。素数ゼミの周期には、17年と13年の2つしかありません。他のセミは、生活史の長さは5〜10年くらいですが、毎年発生していて、周期がありません。つまり、こんな周期を持ったセミはこの素数ゼミだけです。さらに、その周期は17：13という素数だけなのです。なぜ、16年や15年、14年周期のセミがいないのでしょうか？ この章では、周期性の謎に挑み、この素数ゼミの進化の歴史を考えます。

47

著者の標本箱から
上段は素数ゼミの *M. cassini*、*M. septendecim*、*M. septendecula*。下段は日本産のセミ。クマゼミは日本最大、チッチゼミは日本本土最小の種。周期ゼミは日本のセミに比べるとかなり小さく、日本本土最小のチッチゼミと同じくらいの大きさ。形もチッチゼミに近い。

謎だらけのセミ

素数ゼミのなかま

 素数ゼミはマジシカダ属（Genus: *Magicicada*）というなかまに分類され、現在7種が知られています。もちろん発生周期のちがうものは別種なのですが、同じ周期でも1種ではなくて、17年周期に3種、13年周期に4種がいます。これらはさらに、おのおのの非常に近縁な3グループに分けられます（表1）。このうち decim グループの13年周期の *M. neotredecim* は2000年に初めて報告された新種ですが、その祖先は、17年周期の *M. septendecim* であることがわかっています。これらの種類の分布は、場所により1種だけのところも多いようです。とくに、decula グループは単独の個体群が見つかっていません。必ず、decim か cassini、または両方のグループの種と同じ場所で一緒に発生します。つまり、必ず分布がほかの種と重なっているのです。（周期が異なる種間では同時発生はあり得ますが、あっても非常にまれです）。
 このなかまの成虫は日本のセミと比べるととても小さく、羽の全長を含めても3〜4cm程度です。透明な羽をもっていますが、羽の筋はオレンジ色、さらに目が明るい赤茶色でとてもきれいなセミです。形は普通のセミとはやや異なり、頭部、特に両眼の間が狭く胸部が広い、少し変わった形をしています。日本のセミでいえば、チッチゼミに似た形です。

不思議なことはたくさんあって

 素数ゼミは、17年・13年という素数の周期で発生する以外にも、定着性が強く発生地の森林からほとんど移動しないこと、鳴いているセミがいると他の個体も集まってくる集合性という性質が強いことなど、ほかのセミにはない変わった性質を持っています。
 さらに、発生年が場所により異なっているのも不思議です。発生年別の分類を「ブルード」といい、ローマ数字であらわします。17年は、17ブルードがあり得ますが、近年絶滅したブルードもあるようで、現在12ブルードが知られています。13年は13ブルードが可能ですが、たった3つのブルードしか知られていません（表2）。分布も、

48

生きものの数の不思議を解き明かす 素数ゼミの秘密

表1　素数ゼミの分類

グループ	学名	周期	個体数	大きさ	分布
decim グループ	M. septendecim	17	多い	大	広い
	M. tredecim	13	多い	大	広い
	M. neotredecim	13	多い	大	広い
cassini グループ	M. cassini	17	中位	小	普通
	M. tredecassini	13	中位	小	普通
decula グループ	M. septendecula	17	僅少	小	狭い
	M. tredecula	13	僅小	小	狭い

表2　素数ゼミのブルード

周期	ブルード	発生年（1995～2025）	分布
17年	Ⅰ	1995, 2012	バージニア州、ウェストバージニア州
	Ⅱ	1996, 2013	ニューヨーク州近郊7州
	Ⅲ	1997, 2014	アイオワ州、イリノイ州、モンタナ州
	Ⅳ	1998, 2015	カンザス州近郊6州
	Ⅴ	1999, 2016	ペンシルバニア州近郊4州
	Ⅵ	2000, 2017	サウスカロライナ州近郊3州
	Ⅶ	2001, 2018	ニューヨーク州
	Ⅷ	2002, 2019	ペンシルバニア州近郊3州
	Ⅸ	2003, 2020	バージニア州近郊3州
	Ⅹ	2004, 2021	ケンタッキー州からニューヨーク州まで15州
	ⅩⅢ	2007, 2024	イリノイ州周辺5州
	ⅩⅣ	2008, 2025	テネシー州からマサチューセッツ州まで13州
13年	ⅩⅨ	1998, 2011, 2024	アラバマ州など13州
	ⅩⅩⅡ	2001, 2014	ルイジアナ州、ミシシッピー州
	ⅩⅩⅢ	2002, 2015	ケンタッキー州周辺7州

白いことに、異なるブルードや周期のようにニューヨーク州にしか発生しないものまでさまざまです。さらに面とても広いブルードから、ブルードⅦ隣接する森林で発生することが南部ではよく見られるのですが、どうもモザイクのように分布していて、同じ地点では1つのブルードしか発生しないようです。なぜ、このようにブルードが重ならないのかはまったくの謎です。

また、狭い場所に大量に発生する点も特徴的です。1平方kmにも満たない森林に何万、何十万匹も発生するのです。2007年にシカゴ郊外を含むイリノイ州周辺で発生したブルードⅩⅢは、人間の世界人口を軽く超える約70億匹いたと推定されています。このときはシカゴ近郊でも、道路にセミの死体の山ができていました。

素数ゼミの謎
- 周期的な発生
- 強い定着性と集合性
- 狭い範囲に集中する
- ブルード間の発生が重ならない

これらの謎は、多くの生物学者や数学者を悩ませてきたのです。

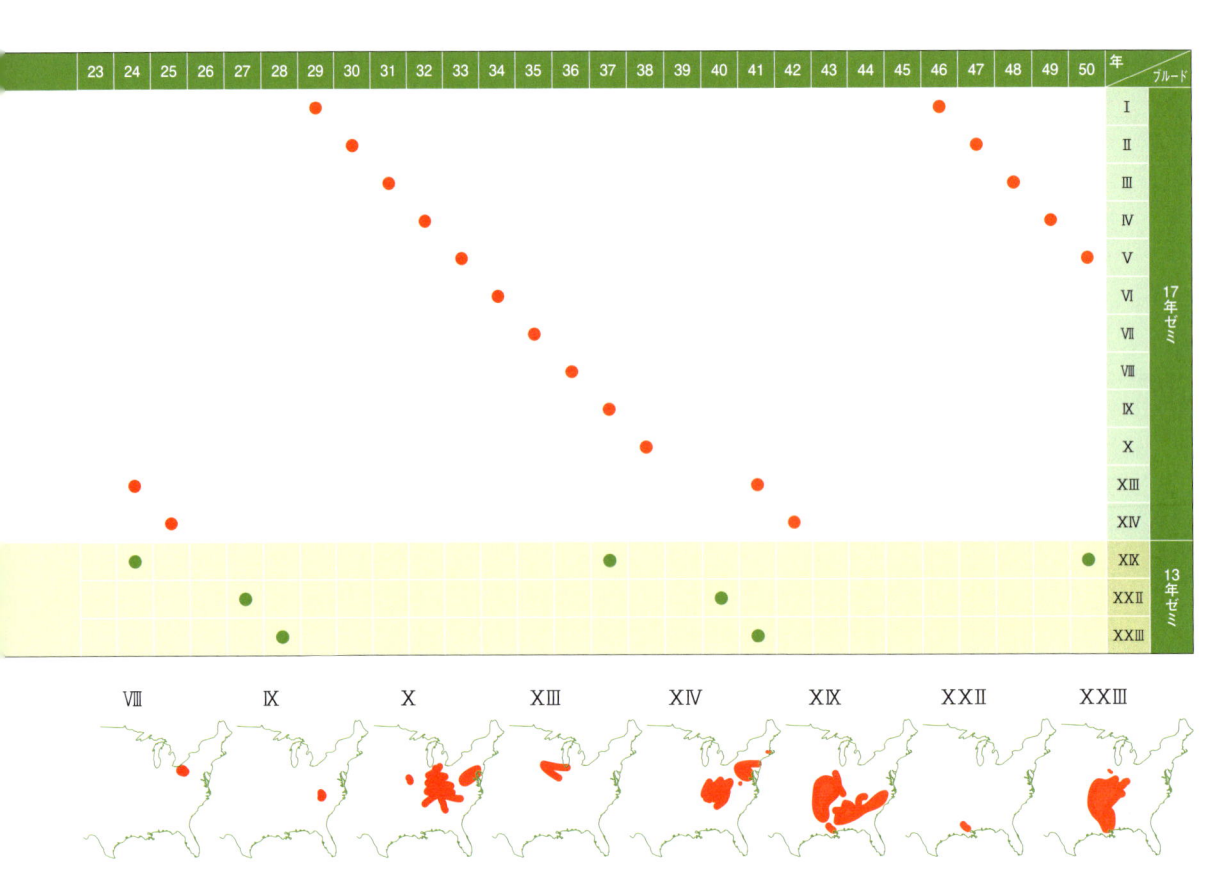

素数ゼミの創世記

氷河期以前、アメリカの中西部から東部のアパラチアは大森林でした。ここに小さなセミが暮らしていました。これが、素数ゼミの祖先です。素数ゼミの祖先は、どこにでもいる普通の小さなセミだったのです。

かれらは、暖かい夏の2〜3週間、鳴いて、交尾して、メスはせっせと枝に産卵です。4〜6週間すると、卵からかえった幼生は地面に飛び降りて、地中にもぐります。そして、木の根に口を刺し、導管を流れる栄養の少ない水分を餌として、5〜10年と長い年月をかけてゆっくり育ちます。成長に時間はかかっても、まれにモグラに襲われることを除けば、地中は安全な生活場所です。

木の水分を利用して栄養をとるセミの成長度合いは、温度によって決まります。樹木の生育の有効限界温度は5℃前後と思われますから、気温からこの限界温度を引いた温度を合計した値（「有効積算温度」といいます）に比例して成長が進むのです。有効積算温度が2倍になれば、成長量も2倍になります。そうすると、成虫になり成

熟するまでに必要な期間は半分になる計算です。このように温度に依存することを「温度依存の成熟」といいます。日本のアブラゼミは温度依存の成熟です。アブラゼミはふつう7年で成熟しますが、猛暑や冷夏といった気候のばらつきによって有効積算温度が変化するため、7年かからず成熟する場合や、逆に8年係ってしまうこともあります。

でも、素数ゼミは、17年・13年と決まった年数で成熟し発生します。これを「時間依存の成熟」といいます。温度依存の成熟をしていた素数ゼミの祖先は、どうして時間依存の成熟をするようになったのでしょう。

氷河期になって

今から500万年ほど前、アメリカに氷河期（氷期）がきました。どんどん温度が下がり、涼しくなってきました。そうすると、有効積算温度がどんどん下がります。有効積算温度が半分に減ると、成長には2倍の期間がかかります。成長に時間がかかるようになるということは、その途中で死んでしまう機会が増えるということでもあります。樹木もだんだん育たなくなり、

生きものの数の不思議を解き明かす 素数ゼミの秘密

表3 これから大発生が見られるのはどこ？ 周期ゼミカレンダー

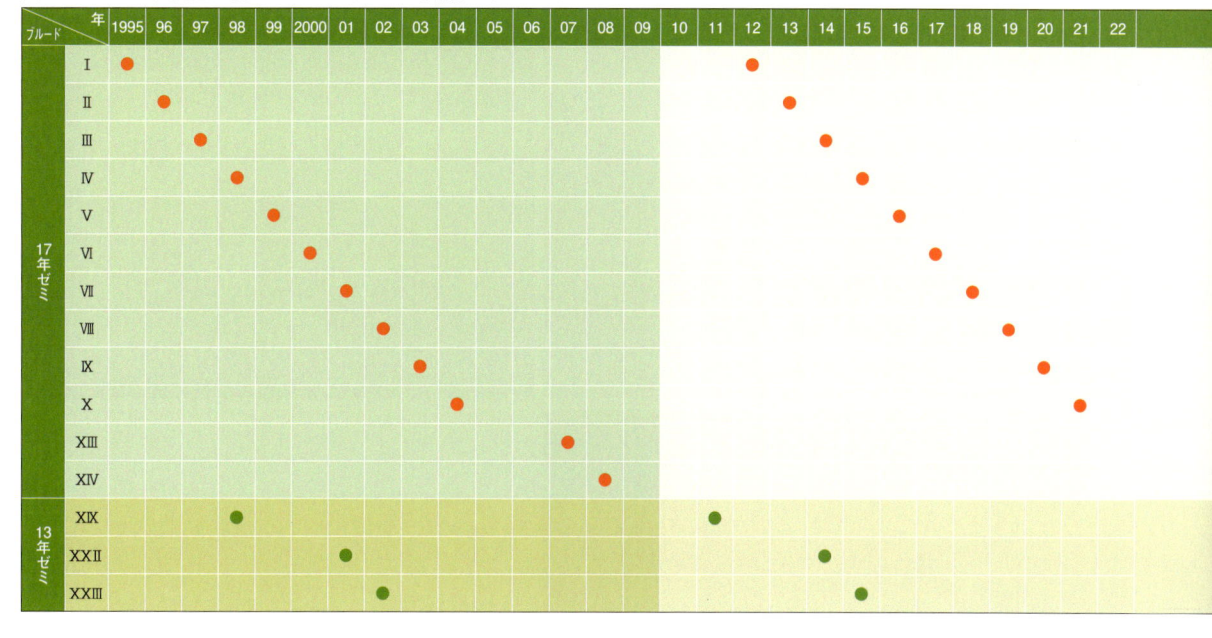

ブルード	年	1995	96	97	98	99	2000	01	02	03	04	05	06	07	08	09	10	11	12	13	14	15	16	17	18	19	20	21	22
17年ゼミ	I	●																	●										
	II		●																	●									
	III			●																	●								
	IV				●																	●							
	V					●																	●						
	VI						●																	●					
	VII							●																	●				
	VIII								●																	●			
	IX									●																	●		
	X										●																	●	
	XIII													●															
	XIV														●														
13年ゼミ	XIX				●													●											
	XXII							●													●								
	XXIII								●													●							

発生地域　I　II　III　IV　V　VI　VII

図2　今から約50万年前ころから地球の気温が下がり，氷河期となった。それから現在までに，比較的温暖な間氷期と寒冷な氷河期が繰り返され，その間にセミの生育地の森林も拡大したり縮小したりしていた。この間に異なる周期をもつセミが出会って交雑したこともあったと考えられる。

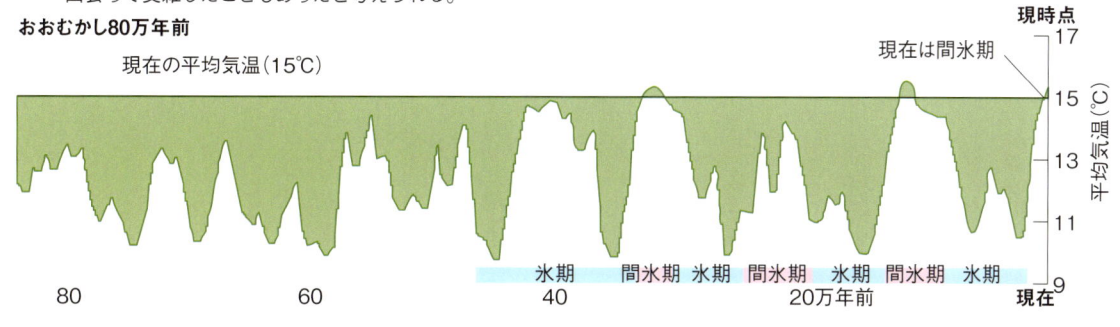

おおむかし80万年前　　　　　　　　　　　　　　　　　　　　　　　　現時点
現在の平均気温（15℃）　　　　　　　　現在は間氷期

平均気温（℃）

氷期　間氷期　氷期　間氷期　氷期　間氷期　氷期
80　　　　60　　　　40　　　　20万年前　　　現在

図3　氷河の拡大
氷河期が始まると，北米大陸では3か所に氷床ができ，それぞれが拡大し，やがて大陸の大部分をおった

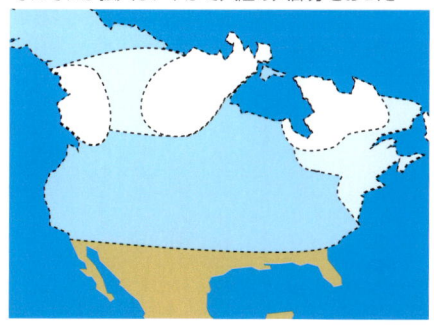

枯れていきます。さらに，低温のため地中も乾燥します。幼虫の死亡率はどんどん上がり，セミの個体数はさらに減っていきました。

氷河が拡大する中で，水源が地下にあり，氷河の影響を強く受けなかった場所がありました。そうしたところは，深い森林が残って，多くの生き物が残りました。このような場所を「レフュージア」といいます。

ほとんどの場所で死に絶えた素数ゼミの子孫たちも，レフュージアではわずかに生き残りました。一匹のオスと一匹のメスがレフュージアで出会い，子孫を残しました。素数ゼミのアダムとイブです。

大発生の年に
左上：ふだんの年はほとんど見かけないが、大発生の年には至る所がセミだらけ。よく見ると、眼がオレンジ色で美しい昆虫だ（撮影／曽田貞滋）
右上：自然物でも人工物でも、止まれるところならどこにでもしがみついて羽化する（撮影／吉村仁）
左下：研究のためにサンプルを採集する。手づかみでも採ることができる（撮影／曽田貞滋）

時間依存の成熟へ

氷河期の寒さが続いています。素数ゼミのアダムとイブの子孫は、兄弟姉妹で交尾し、子孫を細々と残していきます。兄弟姉妹間から生まれた子孫たちは、遺伝的な性質がみなよく似ています。そのため成虫になる年数もほぼそろっていましたが、中には1～2年早く育つものや、遅れるものもいました。それらは、交尾相手が見つけられずに、子どもを残さず死滅していきました。1年でもずれてしまうと子どもを残せません。発生年がぴったりそろっている子孫たちだけが、世代を重ねていったのです。

こうして発生年がそろった子孫の中に突然変異が起こり、発生年数が固定された、つまり時間依存の成熟をするセミがあらわれました。時間依存の成熟をすれば、成熟が早まったり遅れたりしなくなり、確実に子孫を残せます。しかし、今まで通り温度依存の成熟をするセミでは、発生時期がずれた子孫の子どもは残らず、次第に数を減らします。そのうちに、時間依存の成熟をするセミだけが残ります。周期性の獲得です。

さまざまな特徴の進化

周期性と同じように、発生地への「定着性」と「集合性」も進化しました。遠くへ飛んでいくと、交尾の相手がいないので不利になります。また逆に、他の個体がいるところに自分も行けば、交尾が確実になります。

こうして、周期ゼミの大きな特徴である「発生の周期性」、「発生場所への定着性」、「個体どうしの集合性」が進化したのです。

周期がずれれば絶滅する

氷河期の間に、寒いために成長に時間がかかる北方では14年くらいから18年くらいの周期が、少し暖かい南方で、10年から15年くらいの周期をもつセミが生き残りました。さまざまな周期をもつ個体群ができたのです。同じレフュージアのなかでも、寒い北斜面では長い周期をもつ個体群が、南の暖かい斜面では短い周期をもつ個体群が発生しました。

しかし、同じ周期をもつ個体の数が極端に少なくなると、交尾相手と出会う機会がほとんどなくなってしまいま

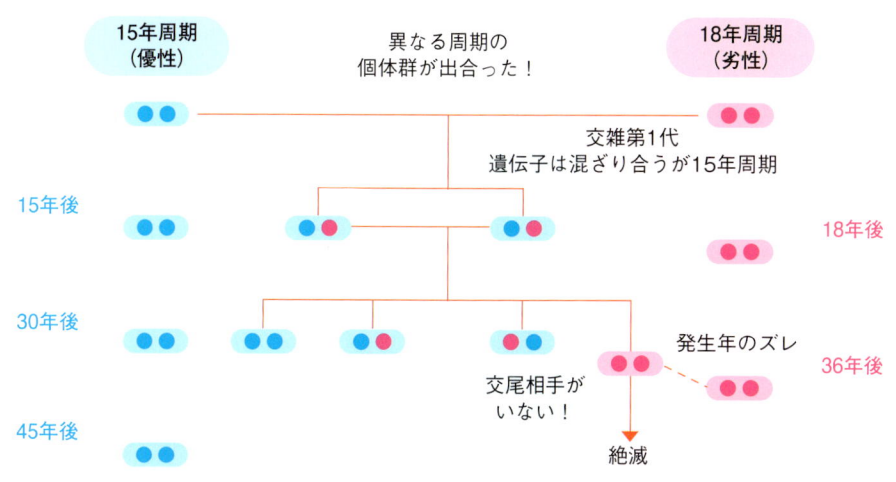

生きものの数の不思議を解き明かす **素数ゼミの秘密**

図4

15年周期（優性）　　異なる周期の個体群が出合った！　　18年周期（劣性）

交雑第1代
遺伝子は混ざり合うが15年周期

15年後
30年後　　　交尾相手がいない！　　発生年のズレ　　18年後
45年後　　　　絶滅　　　　　　　　　　　　　　　　　36年後

雄と雌のちがい
雄は腹部に共鳴板がある。これをふるわせて声を出す

雄　　雌
共鳴板

す。いかに羽根のあるセミとはいえ、そして限られたレフュージアの中とはいえ、わずかな相手を探すことは非常にむずかしいのです。そのような小さな個体群は、子孫を残せず絶滅してしまいます。そのため、1つの場所では1つの周期の個体群が残るのがやっとだったでしょう。

こうして、さまざまな周期をもつ個体群が隣接して発生しました。そうすると、異なる周期をもつセミどうしが出会うということが起こります。この出会いは、少し暖かくなった間氷期に森林が広がり、それまでつながっていなかったセミの発生場所がつながったために起こったのかもしれません。また、同じレフュージアの中で起こった可能性もあります。

発生周期が異なるセミの子孫たちの出会いは最悪です。この時代のかれらは同じ種のセミで、見かけはまったく同じです。セミたちにも区別はつきません。そこで自由に交尾してしまいます。

性質の異なるものどうしが交配することを、「交雑」といいます。交雑により周期を支配する遺伝子が混ざり合い、少なくとも一部の子孫では、せっ

かく獲得した周期が壊れてしまいます。もし周期性がメンデル遺伝すると、交雑第1世代は優性の周期をもちます。例えば、15年と18年で短い周期が優性とすると、交雑による子孫はすべて15年の周期で発生します（図4）。この交雑第1世代どうしで交尾すると、4分の1は18年の周期に戻りますが、このセミたちは15年を挟んでいるので、もともとの18年より3年早く出てきてしまいます。そうすると、交尾相手もわずかしかいないので、生まれる子どもの数も少なくなってしまいます。

成熟に長い時間が必要な氷河期には、個体数がある程度以上ないと、個体群はすぐ絶滅しています。交雑により数が減り、数が減ったことにより絶滅は加速する。交雑の影響はこのように加速していくのです。しかしこのことが、素数周期が有利になる原因でもあるのです。

53

表4 素数ゼミの出合いの年数（15〜18年の場合）

	15年	16年	17年	18年
15年	−	240	255	90
16年	240	−	272	144
17年	255	272	−	306
18年	90	144	306	−

表5 素数ゼミの出会いの年数（12〜15年の場合）

	12年	13年	14年	15年
12年	−	156	84	60
13年	156	−	182	195
14年	84	182	−	210
15年	60	195	210	−

共通の約数×共通しない数
＝出会いの間隔＝最小公倍数

18 = ③ × 6
15 = ③ × 5   ③ × 6 × 5 = 90

16 = ② × 8
18 = ② × 9   ② × 8 × 9 = 144

素数の約数は1とその数だけ……
↓
最小公倍数は素数×相手の周期
↓
出会いの間隔が長くなる

素数周期は交雑を防ぐ

表4は15〜18周期年の場合の出会い間隔です。15年周期は16年周期と240年おきに、17年周期と255年おきに出会います。ところが、18年周期とは90年おきに出会ってしまいます。15年周期のセミは、90年に1度、他の周期のセミに出会います。出会って交雑すれば、個体数は減ってしまいます。

なぜこんなに短くなるのでしょう。18と15は、どちらも3の倍数です。3という共通の約数を持っているということです。同じように、16年と18年では144年おきという短い間隔での出会いがあります。ところが、素数の17年だけが違います。17年は、15年とは15×17＝255年おきに、16年とは16×17＝272年おきに、18年とは18×17＝306年おきという、とても長い間隔でしか出会いません。他の周期と出会わなければ交雑も起こりません。

同様に、12年から15年での出会いをみると、やはり、12年周期は84年おき、60年おきという短い間隔で他の周期のセミと出会います。14年は84年周期の出会いが、そして、15年は60年

おきという短い出会いがあります（表5）。ところが、13年だけは最低でも12年との156年おきの出会いです。このように、素数周期では出会いが非常に少なく、交雑が起こりにくいのです。

では、素数の周期と素数でない周期では、どの程度、出会いが違うのでしょうか？ 14年から18年の周期の個体群が1000年の間に同時発生する頻度を表したのが表6です。そして、12年から15年の周期が同時発生する場合が表6です。これらの表をみるとわかるように、素数の17年と13年はどの場合も同時発生の頻度が最も低く、4つどもえでも素数の有利さは格別です。というのは、その場合には、多くの周期と出会うため交雑する個体数が多くなり、将来周期のズレによって絶滅する子孫を多く残すことになってしまうからです。

表6と7からは、素数以外の周期は頻繁に出会うことがわかります。そしてそのたびに、個体数を急激に減らします。セミどうしは相手が自分と同じ周期をもつかどうかの見分けがつかないので、個体数の割合に比例して交

表6 14〜18年周期が同時発生する頻度（1000年間）
（ ）内の赤字は最終氷期の約55000年の間に何回同時発生するかを計算した値

周期	周期の組み合わせの数		
	2つの周期	3つの周期	4つの周期
14年	18（990）	3.4（187）	0.34（18）
15年	16（880）	3.6（198）	0.36（19）
16年	16（880）	3.1（170）	0.33（18）
17年	11（605）	1.8（99）	0.22（12）
18年	20（1100）	4.3（236）	0.39（21）

＊5つの周期全部が同時発生する頻度は、0.012

表7 12〜15年周期が同時発生する頻度（1000年間）
（ ）内の赤字は最終氷期の約55000年の間に何回同時発生するかを計算した値

周期	周期の組み合わせの数	
	2つの周期	3つの周期
12年	26（1210）	4（220）
13年	12（660）	2（110）
14年	15（825）	3.1（170）
15年	19（1045）	3.5（192）

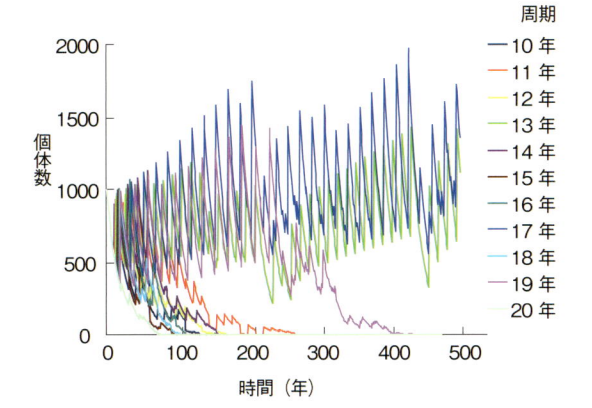

図5 計算機実験で描いたグラフ
発生周期のちがう個体群が同じ場所で発生した場合、それぞれの個体数がどう変化していくかを計算機実験で調べた。素数周期以外の個体群は、最初の数百年で絶滅してしまった。

雑してしまうからです。

同時発生したとき、15年ゼミがオス・メス10匹ずつ、17年ゼミがオス・メス90匹ずついたとしましょう。オスの割合は、合計を1とすると、15年ゼミのオスが0.1で、17年ゼミのオスが0.9です。すると、15年ゼミのメスは、15年ゼミのオスと0.1の割合で交尾します。つまり、10匹の15年ゼミのメスは、10×0.1＝1匹だけが自分と同じ15年ゼミのオスと交雑できるが、残りの9匹は17年ゼミのオスと交雑してしまいます。ところが、17年ゼミのメス90匹は、90×0.9＝81匹が無事17年のオスと交尾できます。間違って交尾するのは90匹中たった9匹です。

このように個体数の割合が低い個体群はほとんど交雑してしまい、ます不利になり急速に絶滅していきます。こうして、素数周期をもっていたために他の周期の個体群との出会いが少なく、数が減らなかった17年と13年以外の周期の個体群は、完膚なきまでに絶滅してしまったと想像できます。

共通の約数をもつ個体群どうしが頻繁に出会って交雑をくりかえし、絶滅に到ったのではないか、という仮説を、計算機実験によって確認してみました。

この実験では、10〜20年までの周期をもつ11の個体群が同じ場所にいたとしたら、それぞれの個体数がどう変わるかを計算しました。もちろん、個体群がずっと存続できるかに影響を与えると考えられる、最初の個体数、幼虫が成虫になるまでの生存率、1匹の雌が産む卵の数という条件はどの個体群も同じにしました。ちがうのは発生周期だけ、ほかの条件は同じにして500年分計算し、グラフを描きました。それが図5です。

最初の個体数は、どの個体群もすべて1000個です。しかし、素数以

大量の抜け殻が大発生のようすを物語る（撮影／吉村仁）

地面にもセミが地上に出たあとの穴が無数にあいている（撮影／吉村仁）

外の発生周期をもつ個体群はしだいに個体数を減らし、どれも最初の数百年で個体数は0になってしまいました。つまり、絶滅してしまったのです。500年後まで存続したのは、奇数である13年と17年の周期をもつ個体群だけという、実際の状態とよく似た結果になったのです。交雑の頻度が少なかった素数周期の個体群だけが個体数を減らすことなく存続できた、という仮説は、十分に検証を続ける価値がありそうです。

氷河期の後にも

最後の氷河期が終わり、現代になりました。素数ゼミは、その発生場所のレフュージアを中心に分布しています。もちろん、オズの魔法使いよろしく、嵐の強風などによって離れた森林へ運ばれた場合もいたかもしれません。でも、かれらは定着性が強く、自分からは移動しません。発生場所を出るともう自分の仲間は見つからないので、移動したら子孫を残せないのです。周期も固定されたままです。少し早く、あるいは遅く出たりする突然変異個体があらわれたとしても、交尾相手は誰もいません。したがって、すぐに絶滅してしまいます。これが、現在私たちが見る素数ゼミの姿なのです。

さらなる挑戦

素数ゼミの謎はまだまだ続きます。3つのグループは、独立に祖先種から進化した可能性が高いのです。ただ、確証はありません。現在12ブルードある17年ゼミはどこのリフュージアで進化したのでしょうか。つまり、17年ゼミのアダムとイブの出会った場所はどこなのでしょうか？　また、13年ゼミはどこがその起源なのでしょうか？　それとも、昔の仮説のように、13年ゼミが進化したあと、17年ゼミが13年ゼミから進化したのでしょうか？　13年ゼミのブルードが3つしか知られていないのに、17年ゼミは12ブルードもいるのはなぜだろうか？　なぜ同一の森林で2つのブルードが分布していないのでしょうか？

また2000年に記載されたM. neotredecimの謎もあります。冒頭で述べたように、この種は17年周期の種から進化したと考えられています。この種はどのように進化したのでしょうか？　ただ単に温暖化により成長が早くなり、周期を4年間短縮したので

56

羽化したての個体（撮影／吉村仁）

採集したサンプルの一部（撮影／吉村仁）

飛べるようになればすぐにパートナーを見つけて交尾する。採集した個体が腕の上で交尾を始めた（撮影／吉村仁）

どこもこのありさまだ（撮影／吉村仁）

多くは素数ゼミの現在の生態ベースにしていて、ここに紹介したような明確な因果関係を想定したものではありませんでした。歴史物語の魅力はその明確な因果関係にあると思います。

最近、素数周期が選択されるか、コンピュータによる数値解析で調べてみましたが、素数だけが絶滅限界できれいに残りました。さらに、私たちは現在、分子生物学的な手法を使って素数ゼミの種・ブルードの間の関係を調べています。この遺伝子解析により、素数ゼミが進化したレフュージアを突き止めることもできるかもしれません。また、かれらの祖先種を求めて、日本やアメリカのセミの系統も解析しています。

こうした研究からは、素数ゼミ7種の間のより詳しい関係や、素数ゼミのアダムとイブが出会ったかレフュージアがどこだったかを突き止めることもできるでしょう。また、新たに発見されたM. neotredecimの謎に迫るためには、周期性の遺伝子がどのように遺伝し、どのようにはたらくかなどを調べていく必要もあります。これらの結果からさらなる歴史構築ができるのではと期待しています。

しょうか？　それとも、13年周期の遺伝子が交雑により入り込み、周期だけが短縮されたのでしょうか？　答えを出すには、今後の研究を待たなければなりません。

私の仮説は、今の段階ではサイエンス・フィクションです。つまり、まったくの想像です。しかし、この想像は、因果関係をベースにした論理的な創造でもあります。

もちろん、これまでにもいろいろな仮説が提案されてきたのですが、その

サンマはいつまで豊漁か？
——漁獲量の変動と環境にやさしい漁業の未来

横浜国立大学大学院●**松田裕之**

著者略歴
まつだ ひろゆき
横浜国立大学大学院教授。九州大学理学部東京大学海洋研究所を経て現職。日本人初のピュー海洋保全フェロー。専門は生態学、環境リスク学、数理生物学、水産資源学。『死の科学』（共著、光文社）『「共生」とは何か』（現代書館）、『環境生態学序説』（共立出版）、『ゼロからわかる生態学』（共立出版）など著書多数。

野生生物の数は、いろいろな原因によって増えたり減ったりします。
野生生物の数の変化が私たちの生活に直接影響を与えているというと
一見不思議に思えますが、それは実際に起きています。
なぜかというと、私たちが野生の動物を捕まえて食べているからです。
日々の食卓にのぼる野生動物——それは海産魚類です。
捕まえた魚の数とその年齢構成を通して、野生魚という天然資源の管理を考えます。

近海産のサバはどちら？

水産物輸入大国に変貌した日本

写真はどちらもサバとして売られている魚です。一方は日本近海産のマサバ、一方は大西洋産のタイセイヨウマサバです。今、日本の家庭の食卓にのぼるサバの大半は、大西洋産になっています。

しかしかつて、日本は世界一の漁業国でした。1970年代にはマサバが、80年代にはマイワシが豊漁でした。が、今ではたくさん獲れる儲かる魚種がなくなり、クラゲが増えています。サンマは90年代から豊漁ですが、値崩れして儲からず、その間に日本は世界一の水産物輸入大国になりました。

マサバ、マイワシ、サンマは野生動物です。その漁獲量が時代とともに変わったのは、海の環境変化が原因と言われています。それに加えて、マサバやマイワシが減った後にもこれらの魚を獲り続ける乱獲が、減少に追い討ちをかけました。このように、魚の資源量の変動は、自然現象の側面と乱獲の側面があります。片方だけ見ていては、野生の魚を上手に利用し続けることはできません。漁業は産業であり、儲か

写真右が近海産のマサバ（写真提供：神奈川県立生命の星・地球博物館、瀬能宏撮影）、左はタイセイヨウマサバ（写真提供：ノルウェー水産物輸出審議会）

生きものの数の不思議を解き明かす サンマはいつまで豊漁か？

図1　浮魚類の魚種交替

(グラフ：全国漁獲量（千トン）、1900年～2000年、カタクチ／アジ／サンマ／サバ類／マイワシ)

漁獲量と海の中の魚の数

　漁獲量（重さ）と個体数漁獲量（獲れた数）はある程度正確にわかりますが、海の中の魚の個体数は推定しなければなりません。
　個体数漁獲量は、個体数・漁獲努力量・漁具効率をかけたものと考えられています。したがってここから個体数を逆算できるわけです。なお、漁獲努力というのは漁具ごとの操業時間、漁具効率というのはどれくらいうまく魚が獲れるかの漁具ごとの効率です。例えばマイワシの漁獲量は1930年代のほうが80年代より低いのですが、漁具効率が違うので、個体数も低かったとはいえません。
　とはいえ、漁獲量が大幅に減ったときには、原因が人為的な乱獲であれ自然現象であれ、個体数も減っていたと考えられます。豊漁期と不漁期では、漁獲努力量もちがいます。豊漁期には魚価が下がるので獲り残し、不漁期には魚価が上がって懸命に獲る傾向がありますから、個体数は漁獲量以上に変動していると考えられるのです。

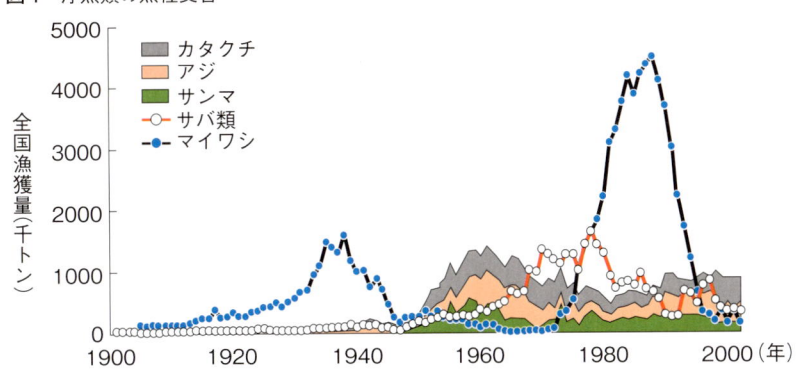

策が必要です。ここでは、なぜ漁獲量が変動するのかを、魚の生態、漁業、そして海の環境の側面から説明し、時代とともに豊凶を繰り返す魚を獲るという側面も評価した、新たな漁業政という側面も評価した、新たな漁業政「環境にやさしい漁業」のあり方を考えてみましょう。

獲れる魚が変わっていく

　サバやイワシは浮魚といい、海の表層近くにすみ、主にまき網で獲ります。これらの浮魚は、日本の排他的経済水域と言われる、沖合いと沿岸で獲られています。
　しかし、その漁獲量は毎年同じではありません。たとえばマイワシは、30年代と80年代に非常に多かった。しかし、60年代には激減します。漁獲量でみて500倍くらいの変動幅があります（図1）。海の中の魚の数は、もっと大きい幅で変動しているはずです（BOX参照）。そして、88年に450万トン獲れてから、マイワシの漁獲量は急激に減っていきます。
　マサバも同様です。マサバは、ちょっとずれて70年ごろに多かった。しかし、その後、どんどん減っていきました。またカタクチイワシも、60年ごろと90年代以降に非常に多かった。このように、たくさん獲れる魚種が変わることを「魚種交替」といいます。

ならなければ成り立ちません。けれども、目先の利益にとらわれていては海を壊し、跡継ぎに海の幸を託すことはできなくなります。単に儲けるだけでなく漁民がいるから海の生態系が守られる

自然の変動
――マイワシの場合

1980年代に豊漁だったマイワシは、90年代に大きく漁獲量が減少しています。これは獲りすぎ、すなわち乱獲してしまったためなのでしょうか？乱獲の場合に何が起こるか考えてみましょう。

もし乱獲であれば、魚が生き残れないわけですから、高齢魚からいなくなって、だんだん若齢魚がふえ、漁獲物が小さくなります。しかし、90年代に獲れたマイワシを見てみると、去年までは0歳魚がたくさんいたが、今年は1歳以上しかいない、その翌年は2歳以上しかいない、というふうに、乱獲した場合に予測される結果とは逆の現象を示していました(図2)。これは、何らかの原因で0歳魚が生まれてこなかった、新たな個体の加入が失敗した、ということを示しています。90年代から、マイワシは高齢化社会に突入していたのです。もともと獲る対象ではなかった子どもがいないのは、乱獲のせいではありません。ですから、これは自然要因です。カリフォルニア沖には堆積した魚の鱗の量を年代順に測ることのできる場所があります。そこでは、イワシ類の自然変動が、有史以前から続いていることがわかっています。60年代に減少したのち80年代に再び増加に転じているのも、このような自然変動と考えられます。

なぜ変動するのだろう？

イワシは野生動物です。畜産では計画に従って飼育環境を整え、個体数管理を行いますが、こういう野生魚では

海の中のマイワシ（撮影／峯水亮）

そうはいきません。一定の親に対して毎年一定の子が生まれ育つのではなくて、海の環境によって、たくさん育つ年と、そうでない年が出てきます。ですから、「魚は増えるときはたくさん獲っても増えるし、減るときは獲らなくても減る」というのが漁業者の感覚です。そしてこれはある程度正しい。しかし、だからと言って管理しなくていいということではありません。いつ魚の子どもがたくさん育つ環境になるのかの予測はある幅の中でしかできませんから、確率の問題として考えなければならないのです。

そのような不確定要素をふくめて生物の数の変動を考えるときには、関係する要素を数式で表現する数理モデルというものをつくります。たとえば、ある年の資源量は、その前の年の資源量と漁獲量と自然増加率によって決まる、というふうに考えます。あとに示す図6や7では、このような数理モデルにより、獲り方（漁獲量）を変えると資源量も変わることを計算しています。これによって、過去の政策によって資源が減ったことを確認したり、乱数を使って資源が減るなど不確実性を考慮した将来予測をすることもできるのです。

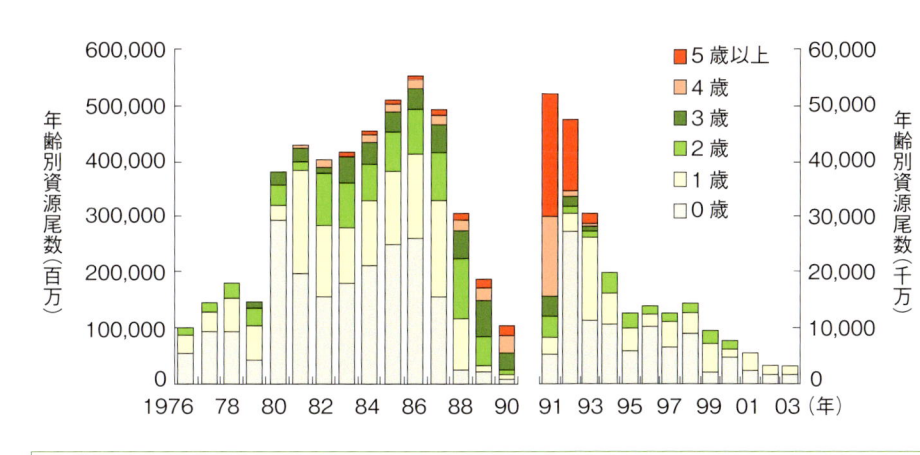

生きものの数の不思議を解き明かす **サンマはいつまで豊漁か？**

図2
90年代、イワシは高齢魚の割合が高くなる高齢化社会に突入していた。その後また若齢魚の比率が上がってきているが、数は減少している

人口ピラミッド

　図は、2005年の国勢調査による日本の年齢別人口です。年を重ねるごとに亡くなる人が出てくるので、年齢が高くなるほど人口は減っていき、図にすると三角形に近い形になります。人口が増えているときには典型的な末広がりのピラミッドになります。マイワシのようにきれいなピラミッドになります。

　また、個体数が減り続ける生物では、若い年齢の個体のほうが個体数が少ないという逆転現象が起きることがあります。図示した日本人の場合にも、45年と46年生まれが戦争の影響でたいへん少なくなりましたが、47年から49年頃が第1次ベビーブームで、その世代を「団塊の世代」といいます。その後の出生数はいったん減り始めました。母親一人当たりの生涯出産率（合計特殊出産率ともいいます）が少なくなるという少子化は、このころから始まったのです。けれども、日本全体の出生数は57年生まれを底に再び増え始めました。これは少子化が収まったためでなく、団塊世代に生まれた人が成人し、母親の数が増えたからです。それ以外にも、丙午の年にあたる66年生まれだけ人口がたいへん少なくなっていることがわかります。

　90年代の海の中では、マイワシでもこのような「少子化」が起こっていたと考えられます。

資源管理の失敗
――マサバはもう増えない？

はじめに述べたように、現在食卓にならぶサバはほとんどが大西洋産の輸入魚です。サバは1970年代には豊漁でしたが、80年代から減り始めて90年代に激減し、値段が高騰して大騒ぎになりました。しかし、サバもイワシと同じように自然の変動を繰り返しているのだとしたら、漁獲量はまた増えてくるのではないでしょうか。

獲れた魚の年齢構成を見てみましょう。70年代と80年代には0歳、1歳、2歳が獲れていますが、3歳以上の親もある程度獲れていました。そして90年代以降は、ほとんど0歳と1歳を獲っています（図3）。老齢魚が少なく幼魚ばかり獲れる。サバは、減少した80年代以降は明らかな乱獲だったのです。

日本の太平洋側のマサバで、親の漁獲量あたりの新規加入量を示した資料があります。それを見ると、70年代にはゼロ歳の加入量が多かったことがわかります（図4）。また、92年と96年には、子どもがたくさん加入する卓越年級が起こっていました。この卓越年級の子どもをを大事に守って親になるまで待てばよかった。子どもの数も増えだろうと考えられました。92年群の卓越年級群の新規加入によって個体数は回復し、さらにかれらが子どもを産んで、96年にはものすごく増えただろうということです（図5緑線）。

ところが、92年の卓越年級では、ゼロ歳の時もたくさん獲り、それを翌年1歳の時にさらに獲ったので、この子どもたちは親になるまでにはほとんど残らなかった。このように90年代には、子どもです。96年の卓越年級も同様のうちに根こそぎ獲ってしまったので、回復が見込めないのは当たり前です。（図5赤線）。これでは、回復が見込めないのは当たり前です。

もし幼魚を保護していたら……

もし2度の卓越年級の子どもを獲り控えて、せめてあとの図8に示す、日本の70年代や80年代なみの獲り方にしていたらどうなったか。また、今後も未成魚を獲り続けていくとどうなるか。それらを計算してみました。太平洋側のマサバは、70年代には300万トンくらいいて、それが90年代以降に100万トン未満に推移したと分析されています。計算機実験の結果、もし子どもを守っていたら、90年代の半ばごろには200万トンまで回復した

だろうと考えられました。92年群の卓越年級群の新規加入によって個体数は回復し、さらにかれらが子どもを産んで、96年にはものすごくかれらが増えただろうということです（図5緑線）。

では、ここで悔い改めて、これからは未成魚を守っていくとします。しかし、卓越年級が今後も4年に一度現れるとは限りません。したがって、今後の回復確率は図6緑線のようになると考えられます。

一方、今後も未成魚をずっと獲り続けるとどうなるでしょうか。私たちの計算では、個体数は一度も回復しませんでした（図6赤線）。このグラフをまき網漁船組合の人に見せたら、ものすごく怒られました。

漁業管理はどのように行われているか

海に面する国々は、国連海洋法条約により各国に200海里ほどの排他的経済水域が認められ、その水域内の資源を排他的に利用できます。一方、その資源の持続可能に管理する義務を負うことになります。そのために、「漁獲可能量（略称：TAC）」を定める

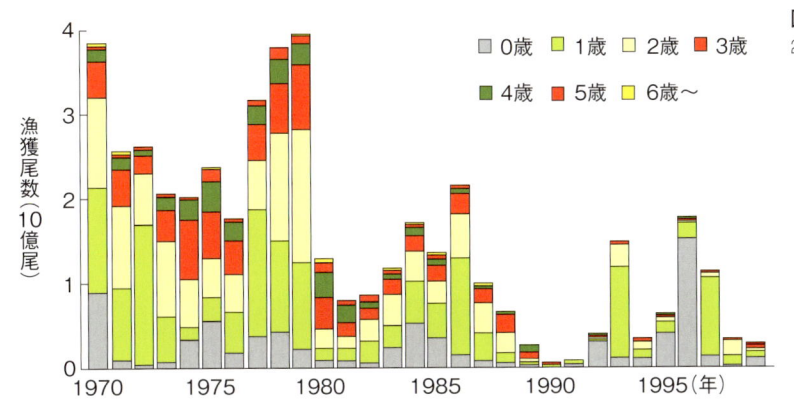

生きものの数の不思議を解き明かす **サンマはいつまで豊漁か？**

図3 捕れたサバの年齢 (Kawai et al., 2002を改変)

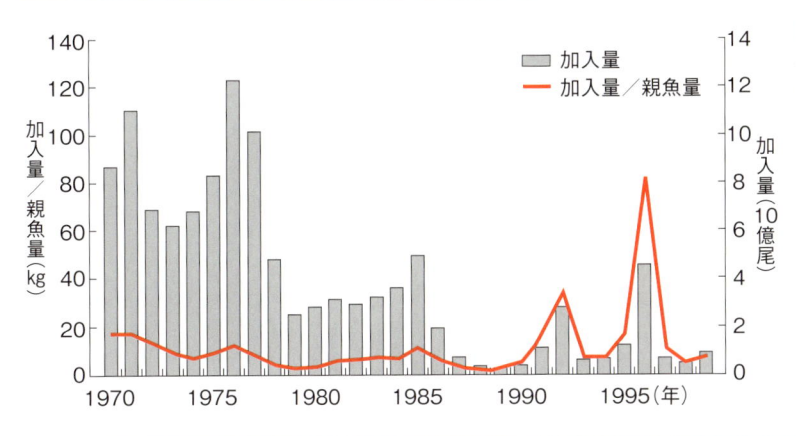

図4 サバの加入量の変化 (Kawai et al., 2002を改変)
サバの加入量は大きくばらつく（親魚量あたりの加入量：子どもがよく育っていたことを示している）

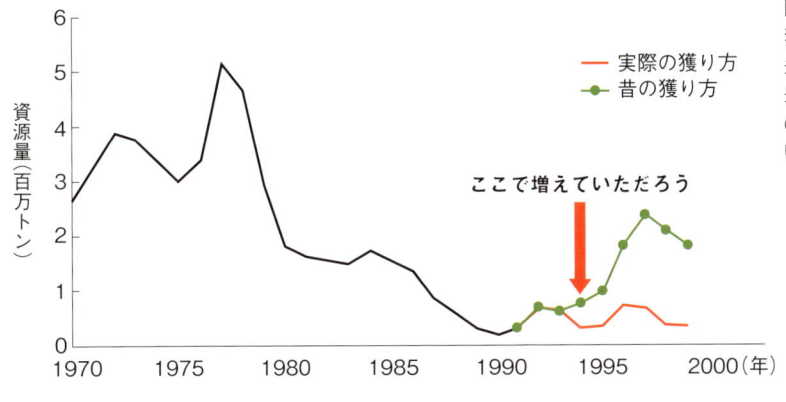

図5 太平洋側のマサバの資源量と漁獲量の変化 (Kawai et al., 2002を改変)
未成魚を獲り控えた場合と現状の比較。未成魚を獲り控えていたら、1990年代の半ばころには200万トンまで回復していたと考えられる

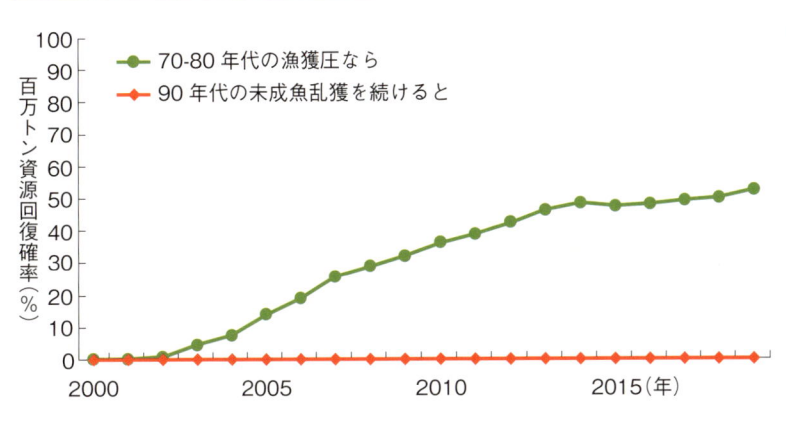

図6 計算機実験による予測 (Kawai et al., 2002を改変)
サバの個体数回復にどのくらいかかるか、計算機実験で予測した。青線は悔い改めた場合、赤線は今のままの場合。今のままでは、個体数は回復しない

図出典：Kawai, H., Yatsu, A., Watanabe, C., Mitani, T. Katsukawa, T., Matsuda, H. 2002 Fisheries Science 68: 961-969.

写真2　サンマの水揚げ
（写真提供：環境水族館　アクアマリンふくしま）

ことになっています。TACは年間に捕獲してよい漁獲量の基準で、漁獲量がこの基準に達したら、その年はもうそれ以上は獲ってはいけない、という値です。つまり、国により定められた漁獲量の最大値ということになります。

日本では、次のような手順でTACを決めています。

まず自然科学者によって生物学的に乱獲にならない漁獲量を決めます。これを「生物学的許容漁獲量（略称：ABC）」といいます。そのあとで、水産政策審議会というところが社会的・経済的要因を加味してTACを決めます。

たとえば、1998年には、マイワシのABCは10万トンだったのに、「社会科学的要因」を考慮してTACは50万トンに設定されてしまいました（図7）。そして、実際の漁獲量もABCよりも多かったのです。つまり、乱獲したということです。日本では、水産行政が乱獲を公認していたのです。

そのためにマイワシはどんどん減ってしまった。

さらに、決められているのは漁獲量の総量ですから、たとえば30万トン獲っていいとしたら、自分が獲っても他人が獲っても、30万トンに達した時点でもう皆が獲ってはいけない、という制度になっています。だとしたら、他の人に獲られるのは損です。そこで、小さくて価値の低いゼロ歳の幼魚でも、ないよりましということで見つけ次第獲ってしまうという傾向になります。

一方、大西洋のマサバの産地であるノルウェーでは、「個別漁獲割当量（IQ）」という制度があって、たとえば各漁船に5万トンずつ獲る枠を与えます。そうすると、ほかの船がどう獲ろうと自分には5万トン獲る権利がありますから、大きくて高い値段で売れる成魚を獲った方が効率がよく、ゼロ歳を見つけても見逃すでしょう。実際に、大西洋のサバ漁ではゼロ歳の魚はほとんど獲らず、1歳から7歳以上までをまんべんなく獲っていることがわかります（図8）。この違いが非常に大きいのです。

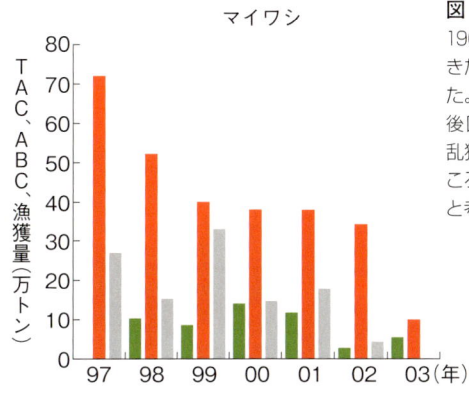

生きものの数の不思議を解き明かす **サンマはいつまで豊漁か？**

図7 マイワシのABC、TAC、漁獲量
1960年代にいったん減った後、回復してきたマイワシは80年代に再び減少し始めた。ところが、図2で示したように、その後回復の傾向は見えない。その理由は、乱獲を助長する漁業政策により、減ったところに追い打ちがかけられてしまったからと考えられる

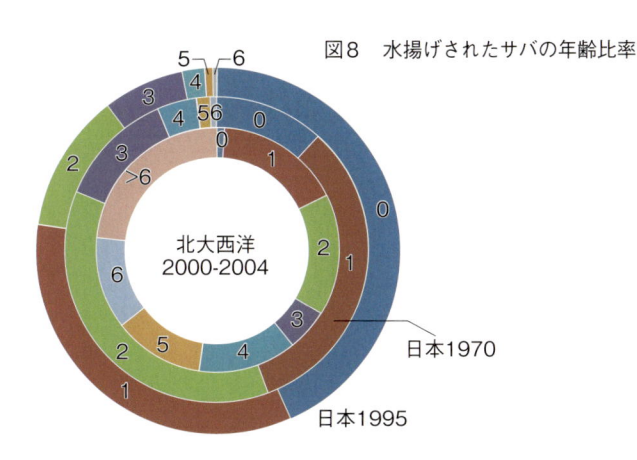

図8 水揚げされたサバの年齢比率

TAC

国が魚種ごとに決定する毎年の漁獲可能量。2008年現在、サンマ、スケトウダラ、マアジ、マイワシ、マサバ、ゴマサバ、ズワイガニ、スルメイカの7種類が指定されている。

1996（平成8）年に国会で批准された「海の憲法」とも言われる国連海洋法条約により、日本は200海里内に排他的経済水域を設定するとともに、生物資源のより安定的、継続的な利用を図るため、漁獲可能量（TAC：Total Allowable Catch）に基づく漁獲管理を行うこととなった。

TACによる漁獲管理の対象となるのは、①漁獲量が多く、国民生活上で重要な魚種、②資源状態が悪く、緊急に管理を行うべき魚種、③我が国周辺で外国人により漁獲されている魚種などの基準に該当するもので、政令により指定される。

65

図9 サンマのABC、TAC、漁獲量
サンマの漁獲量はABCを下回るが、獲れた魚の中から小さなものを捨てていたので、実際につかまえた量は漁獲量よりかなり多かったと考えられる。

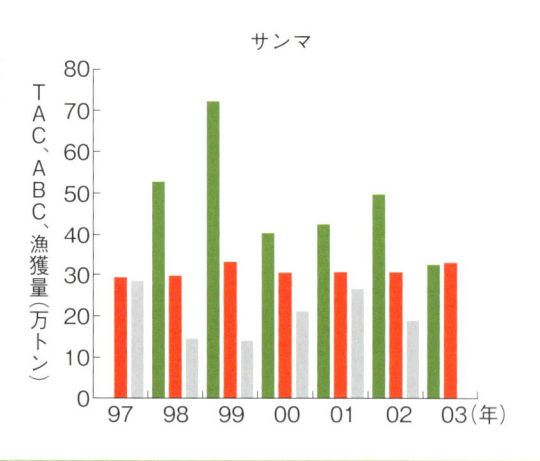

獲りすぎると値崩れする

今度は、サンマの話です。サンマはABCより漁獲量がはるかに少ないですが（図9）、実はこれには裏があります。サンマの漁船は、小さいものを選別して捨てることができる魚体分離機というものを積んでいました。なぜかというと、小さいサンマは値段が安く、儲けが少ないからです。1キログラムあたりの魚価は、焼き魚用の大型魚は200円、缶詰などに回される中型魚は70円、小型魚は養殖の餌に使われて30円にしかなりません。獲ってよい量が決まっているなら、大型魚を水揚げする方が得なのです。

ほかの漁船が大型魚を獲っているのに、自分だけ小型魚を混ぜて獲ったら損をします。そこで、小型魚を選別して捨てるということが行われる可能性が出てきます。TACは水揚量を制限するものなので、捨てたものは含まれない。実際の漁獲高は、水揚量よりかなり大きくなります。これはTAC制度の大きな問題です。

サンマはたくさん獲りすぎると値崩れします。90年頃は30万トン近く獲りましたが、むしろ20万トン未満の81年の時のほうが水揚げ金額が多かったのです（図10）。いわゆる「豊漁貧乏」です。ですから、90年代以後は生態学的には50万トン獲っても乱獲ではないが、生産調整して20万トンに抑えていた。大

きい魚だけ20万トン獲るために分離機を載せたと考えられます。

ところが、思わぬ現象が起きました。大型魚の価格が暴落したのです。大型のサンマがたくさん獲れたからで、それを養殖えさに回してしまったからです。養殖えさは安いので、それに引きずられて安くなりました。魚の市場はなかなかむずかしいものです。

そして、2006年に分離機を撤廃しました（図10）。実は、これはすごいことです。なぜかというと、みんなが撤廃したなかで自分だけ分離機を搭載し続けていたら、ほかの漁船が大型魚も小型魚も混ぜて水揚げしている中で、自分は大型魚だけを水揚げするわけですから、大儲けできるはずだからです。しかし、サンマ漁をしている人たちには「全さんま」という組合があり、皆が従うだけの結束力がありました。これは、2008年の原油価格高騰の折に見られた一斉休漁も同じです。みんなが休んでいる間に自分だけ漁をすれば儲かるはずなのに、そうはならない。この結束の固さは、日本の漁業の長所とも言えます。この結束力を生かして資源管理を成功させることもできるでしょう。

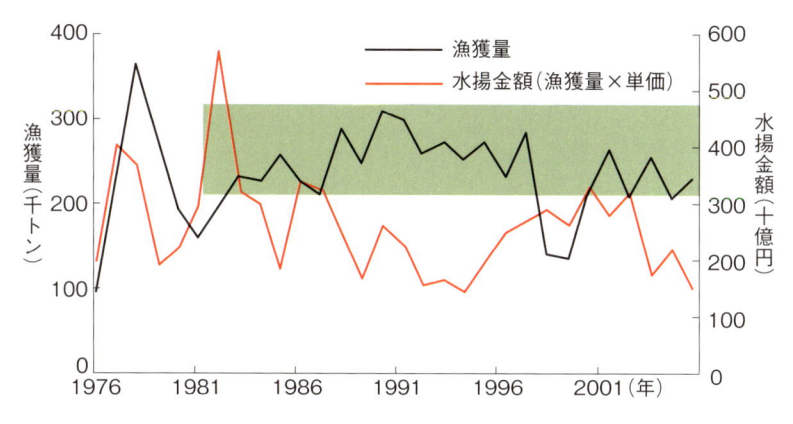

生きものの数の不思議を解き明かす **サンマはいつまで豊漁か？**

図10 サンマの漁獲量と価格 (Oyamada et al., 2009 を改変)
たくさん獲れると価格が下がってしまい、かえって水揚げ金額が減ってしまう

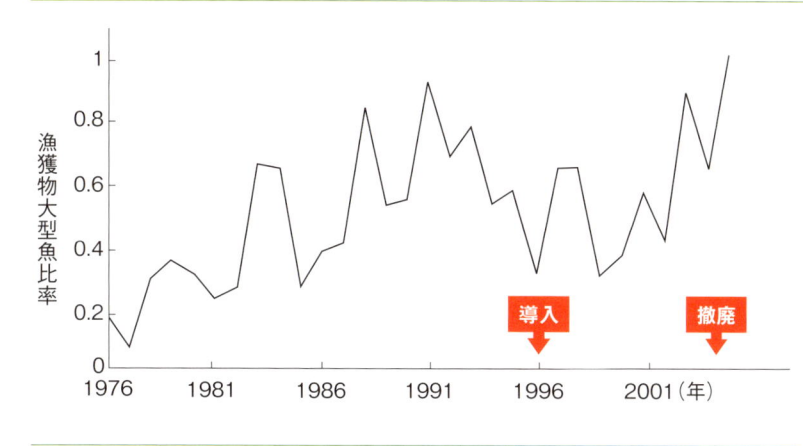

図11 サンマの大型魚比率 (Oyamada et al., 2009 を改変)

図12 サンマの価格についての数理モデル (Oyamada et al., 2009 を改変)
サンマのある時点（t）の価格（Pt）に影響する要素を考えてみよう。価格は需要と供給のバランスで決まるので、tの時点の漁獲量（Ht）だけでなく、それ以前に獲れてtの時点で市場にある在庫量（It）も関係する。これらが多くなると価格は下がるので、漁獲量と在庫量にはそれぞれマイナスの係数（gとh）がついている。
大型魚の価格は高いので、大型魚の比率（Rt）が高くなれば価格は上がる（係数fはプラス）。ただし、流通する魚が大型ばかりになってしまうと、大型魚の価格自体が下がるので、漁獲量には大型魚の比率をかけている（RtHt）。
dpは不確定要素の影響）。
eは全年代共通の定数。
e、f、g、hの値は、過去の市場の動きをもとに算出した。
以上に基づいて計算機実験を行ったところ、現実の価格の推移をおよそ説明でき、また予測も可能になった。

$\log P_t = e + fR_t + gR_tH_t + hI_t + d_p$

p:kg当たり価格、R:大型魚比率、H:漁獲量、I:在庫量
d_p:平均0、標準偏差d_pの正規乱数

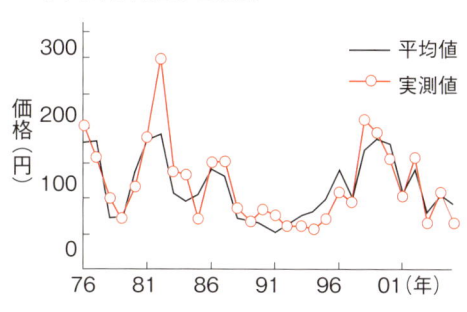

パラメータ	値
e	5.43**
f	1.49*
g	$-0.87 \cdot 10^{-5}$**
h	-1.72**
d_p	0.23
R^2	0.73
adjusted R^2	0.7

*5% 有意
**1% 有意

魚価〜大型魚比率↑
大型魚漁獲量↓在庫↓

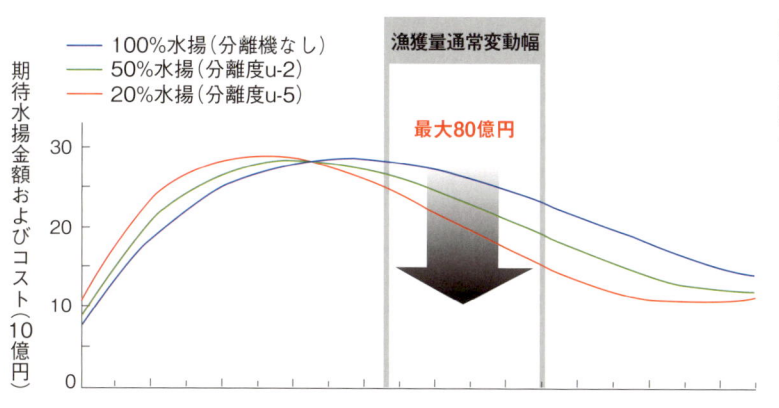

図13 数理モデルによる分離機の影響予測 (Oyamada et al., 2009 を改変)
分離機は、漁獲量約20万トンの場合の期待水揚げ金額を最大で80億円減少させていたと予測される。

図出典：Oyamada, S., Ueno, Y., Makino, M., Kotani, K., Matsuda, H. 2009 Fisheries Science 印刷中 DOI 10.1007/s12562-008-004-0

漁村の風景
日本の漁民の結束力は、資源管理を成功させるかぎになるかもしれない
（撮影／古宮豊）

「儲かる漁業」もむずかしい

サンマの価格の決まり方を調べてみると、大型魚の比率、大型魚の漁獲量、そして在庫量に関係するということがわかりました。それにもとづいて数理モデルを作ってみたところ、過去のサンマの価格がおよそ説明できました（図12）。

この式により、分離機を使うと損をすることも説明できました。これを分離機を撤廃する前、大型魚の魚価が暴落する前に発表すれば格好がよかったのですが、そのころは私も分離機は資源と環境にやさしくないと発言してはいましたが、漁業者が損するとは予測できませんでした。魚体分離機は、漁獲量20万トンくらいなら水揚げ金額を80億円も減らしたと見積もられます。そのぐらいなら、小型魚も含めて獲るほうがずっと儲かっていたでしょう。

「環境にやさしい漁業」を目指す

世界の自然の価値を評価した論文があります。たとえば、熱帯雨林が非常に高く評価され1年間に1ヘクタールの熱帯雨林には2000ドル以上の価値があるとされています。この「価値」には農林水産資源としての価値がありますが、それ以外の価値も含まれます。たとえば、森林は酸素を地球に供給していますが、直接産業に結びつかないこうした役割も価値として評価します。これらを総称して生態系サービスといいます。花粉を運ぶ昆虫や、落葉や動物の死骸を分解して土に還す微生物の役割も、生態系サービスの一部です。この価値は、農林水産資源の価値より桁違いに多いと評価されています。海の自然も、沿岸のサンゴ礁、藻場、干潟、大陸棚が非常に高く評価されています。漁業という産業が利用しているのは、自然の恵みのごく一部だけなのです。

日本では、中部空港を海の上に造りました。その時、漁業者には漁業補償が支払われました。そして、それよりもずっと高い価値を持つ海洋生態系をつぶしたわけです。

今までは、他の先進国も資源管理に失敗し、乱獲していました。しかし、今はその反省から制度改革を行い、資源管理に成功して資源が回復する例が出ています。大西洋のマサバもその例です。また、国連食糧農業機構（FAO）の管理指針、ワシントン条約による海産物の保護、そして環境団体の活動も大きかった。

魚食文化は世界に広がり、水産物消費は増えています。健康食品としての人気と、中国が経済発展したために購買力が上がったことなどが要因です。現在、日本は世界一の水産物輸入国なのですが、世界での水産物消費が増えた結果、今までのように自由に輸入ができなくなってきました。輸入が減れば、日本の漁業の出番です。

しかし、日本の漁業にはやはり構造改革が必要だと思います。特に沖合漁業については、他国の成功例に学ぶべきです。ただし欧米の完全な真似をするというより、一斉休漁や分離機の撤廃ができるという結束力を活かした日本独特の管理方法を考えることができるでしょう。

漁民は自分の利益よりずっと大きい自然の恵みを守れるという視点が重要です。これは農林水産業の多面的機能といえます。持続可能な漁業を営む漁村を守ることには、そのような価値があるはずです。

スーパーの店頭に並ぶ「乱獲によらない水産物」
MSCの認証を受けた水産物につけられる「海のエコラベル」。
日本の小売店店頭でも見られるようになってきた。

青魚を食べよう

もうひとつは、イワシやサバのような青魚をもっと利用しようということです。青魚というのは「背中が青い魚」という意味で、プランクトンを食べる小型の浮魚を指します。青い背中は、魚が海面近くにいるとき、海鳥などの捕食者から見えにくい、つまり保護色になるそうです。漁業資源には底引き網などで獲る底魚資源もありますが、その漁獲量は1970年代から頭打ちで、乱獲が問題になっています。しかし浮魚は、獲れるときには生産調整が必要なくらい獲れますから、まだまだ増産可能です。魚食が世界中のブームになっているとはいえ、米国などでは青魚はほとんど食べません。アラスカの漁船やすり身工場で働いている人の食堂には、魚はほとんどありませんでした。ただし魚種交替がありますから、20年間ずっとマイワシだけを食べるわけにはいきません。魚種交替に備え、大量にある青魚を利用する市場と消費者の工夫が必要です。

健康志向の魚食を世界に勧めるべきだと私は思います。むしろ魚を主要なタンパク源にしているアジアと一緒に

なって、上意下達の管理一辺倒ではない、独自の持続可能な漁業、環境にやさしい漁業のあり方を考えていきたいと思います。

消費者はどうすればよいか

消費者としての私たちが「環境にやさしい漁業」を支えるには、乱獲によらない水産物を選んで買うという方法があります。そのための目印の一つに、海洋管理協議会(MSC)という国際非営利団体の認証があります。

これは、乱獲による漁業資源の枯渇を食い止めるために、適切に管理された漁業を認証し消費者に選んでもらおうとする制度で、認証を受けた製品には「海のエコラベル」といわれるロゴが付けられます。米国では安売りのスーパーマーケットでさえMSC認証の水産物だけを扱おうとしているところがあります。日本でもイオングループのスーパーマーケットなどでMSC水産物の取り扱いが始まっています。

エコロジー講座
生きものの数の不思議を解き明かす
2009年4月1日　初版第1刷発行

編───日本生態学会
責任編集───島田卓也・齊藤 隆
デザイン───フレア

発行人───斉藤　博
発行所───株式会社 文一総合出版
　　　　　〒162-0812　東京都新宿区西五軒町2-5川上ビル
　　　　　Tel: 03-3235-7341（営業）
　　　　　　　03-3235-7342（編集）
　　　　　Fax: 03-3269-1402
郵便振替───00120-5-42149
印刷所───奥村印刷株式会社

2009 The Ecological Society of Japan
ISBN978-4-8299-0141-0
Printed in Japan
乱丁・落丁本はお取り替え致します。
本書の一部またはすべての無断転載を禁じます。